金属塑性成形

计算机模拟基础理论及应用

胡建军 刘妤 郭宁 等编著

U0388070

化学工业出版社

·北京·

内 容 简 介

《金属塑性成形计算机模拟基础理论及应用》共分 7 章，介绍了金属塑性成形概论、塑性成形过程计算机模拟、塑性成形工艺模拟理论及应用、金属断裂行为数值模拟及应用、冷成形工艺回弹分析及精度控制、金属热加工相变模拟理论及应用、模具磨损数值仿真及应用。书中理论与应用相结合，辅以应用案例，便于读者掌握。

本书可作为高等院校材料类专业的研究生教材，也可供塑性成形领域的工程技术人员和研究人员参考。

图书在版编目（CIP）数据

金属塑性成形计算机模拟基础理论及应用/胡建军等编著. —北京：化学工业出版社，2021.5（2022.10重印）
ISBN 978-7-122-38655-7

Ⅰ.①金… Ⅱ.①胡… Ⅲ.①金属压力加工-塑性变形-计算机模拟 Ⅳ.①TG301-39

中国版本图书馆 CIP 数据核字（2021）第 040762 号

责任编辑：韩庆利　　　　　　　　　　　文字编辑：宋　旋　陈小滔
责任校对：李雨晴　　　　　　　　　　　装帧设计：刘丽华

出版发行：化学工业出版社（北京市东城区青年湖南街 13 号　邮政编码 100011）
印　　装：北京科印技术咨询服务有限公司数码印刷分部
787mm×1092mm　1/16　印张 11¼　字数 246 千字　2022 年 10 月北京第 1 版第 2 次印刷

购书咨询：010-64518888　　　　　　　　售后服务：010-64518899
网　　址：http://www.cip.com.cn
凡购买本书，如有缺损质量问题，本社销售中心负责调换。

定　　价：78.00 元

前言

塑性成形作为一种重要的金属材料加工方法，在加工制造行业中应用广泛。由于金属塑性成形过程的复杂性，传统基于经验的"试错"设计方法周期长、成本高，产品质量不容易得到保证，已基本被市场淘汰。随着计算机软硬件技术及专业理论认识的进一步提高，计算机模拟技术获得了飞速发展，为金属塑性成形工艺及模具设计、产品质量控制等带来了革命性的变革。产品研发人员借助计算机模拟就可以预测材料成形过程中的缺陷，及时修改和优化设计，减少物理试验次数，降低生产成本，缩短产品开发周期，使产品更早地投入市场，提高企业的核心竞争力。

编著者从 2000 年以来进行了一些塑性成形工艺计算机模拟的浅显研究工作，也长期从事金属塑性成形数值模拟的一线教学工作，并在 2011 年出版了一本《DEFORM-3D 塑性成形 CAE 应用教程》，应用情况较好，在 2020 年完成了第 2 次修订。不过应用教程更多的是从软件怎么使用为出发点进行编写的，并不能解决很多课堂上下与学生讨论到的塑性成形计算机模拟更深层次问题。因此，本书的编写一方面比较系统地总结金属塑性成形计算机模拟的基础理论，另一方面结合自己从事的相关案例，给读者在金属塑性成形计算机模拟上提供一个更直观的应用表示，方便大家能够具体开展工艺分析，为塑性成形领域的工程技术人员和研究生提供一些参考。本书的编写过程，是一个理论的学习过程，对编著者也是一种提高。

本书共分 7 章，第 1 章介绍了金属塑性成形概论；第 2 章介绍了塑性成形过程计算机模拟；第 3 章介绍了塑性成形工艺模拟理论及应用；第 4 章介绍了金属断裂行为数值模拟及应用；第 5 章介绍了冷成形工艺回弹分析及精度控制；第 6 章介绍了金属热加工相变模拟理论及应用；第 7 章介绍了模具磨损数值仿真及应用。

本书由重庆理工大学胡建军和刘好，西南大学郭宁，重庆理工大学李晖、周涛编著，教学团队的研究生参与了部分图形绘制工作。由于作者水平有限，时间也较仓促，书中难免有纰漏之处，欢迎广大读者、同行批评斧正。

编著者

目录

第1章
金属塑性成形概论 / 1

1.1 金属塑性成形技术 ·· 1
1.2 金属塑性成形的方法 ·· 3
1.3 金属塑性成形理论发展 ······································ 12
1.4 金属塑性成形的物理基础 ···································· 13
　1.4.1 金属的晶体结构和组织 ································· 13
　1.4.2 金属塑性成形性能和基本规律 ·························· 18
　1.4.3 金属塑性变形机理 ···································· 22
　1.4.4 影响塑性和变形抗力的因素 ···························· 26
　1.4.5 塑性变形对金属组织和性能的影响 ······················ 28
1.5 塑性成形计算机模拟技术 ···································· 30
　1.5.1 金属塑性成形 CAE ···································· 30
　1.5.2 国内外 CAE 软件现状 ································· 30
　1.5.3 典型软件及功能 ······································ 31

第2章
塑性成形过程计算机模拟 / 33

2.1 塑性成形计算机模拟软件 ···································· 33
　2.1.1 塑性成形计算机模拟 ·································· 33
　2.1.2 塑性成形模拟的特点 ·································· 33
　2.1.3 塑性成形计算机模拟软件的模块结构 ···················· 35
2.2 塑性成形模拟基本过程 ······································ 35
　2.2.1 建立几何模型 ·· 35
　2.2.2 建立计算模型 ·· 36
　2.2.3 求解 ··· 63
　2.2.4 后处理 ··· 66
2.3 塑性成形工艺模拟结果 ······································ 66
　2.3.1 工艺预测 ··· 66
　2.3.2 成形缺陷 ··· 69

2.4　计算精度的提高及工艺优化 ································ 71

第3章
塑性成形工艺模拟理论及应用 / 75

3.1　塑性成形力学基础 ·· 75

3.1.1　应力、应变和应变率 ·· 75

3.1.2　应力-应变曲线 ··· 78

3.1.3　塑性成形受力分析 ·· 80

3.1.4　屈服准则 ··· 84

3.1.5　本构方程 ··· 85

3.1.6　传热分析 ··· 89

3.1.7　模具应力分析 ·· 90

3.2　塑性成形工艺有限元 ··· 92

3.2.1　塑性有限元法 ·· 92

3.2.2　黏塑性有限元 ·· 93

3.2.3　刚黏塑性材料的本构关系 ···································· 93

3.2.4　塑性有限元求解过程 ·· 96

3.3　塑性成形工艺模拟应用 ·· 99

3.3.1　塑性成形工艺计算机模拟 ···································· 99

3.3.2　档位齿轮成形工艺计算及优化 ······························ 100

第4章
金属断裂行为数值模拟及应用 / 105

4.1　金属的断裂 ··· 105

4.1.1　材料的断裂 ·· 105

4.1.2　塑性成形金属的断裂 ··· 108

4.1.3　断裂机理 ··· 112

4.2　断裂分析方法 ·· 115

4.2.1　破裂分析 ··· 115

4.2.2　金属可成形性的经验准则 ···································· 116

4.3　延性断裂准则 ·· 116

4.3.1　常见延性断裂准则 ·· 116

4.3.2　断裂准则的测定方法 ··· 118

4.4　金属断裂行为模拟应用 ·· 120

4.4.1　断裂数值模拟典型应用 ······································· 120

4.4.2　精密冲裁过程计算机模拟 ····································· 121

第 5 章
冷成形工艺回弹分析及精度控制 / 123

5.1 回弹 ··· 123

  5.1.1 回弹现象 ·· 123

  5.1.2 弹塑性材料加卸载 ·· 123

  5.1.3 冷成形工艺精度控制 ·· 124

5.2 弹塑性有限元 ··· 125

  5.2.1 弹塑性有限元的发展 ·· 125

  5.2.2 弹塑性有限元理论基础 ·· 126

  5.2.3 弹塑性有限元法求解 ·· 127

5.3 冷成形工艺回弹分析应用 ·· 128

  5.3.1 冷成形工艺回弹分析 ·· 128

  5.3.2 冷成形直齿锥齿轮齿形回弹分析及凹模修形 ··································· 130

第 6 章
金属热加工相变模拟理论及应用 / 134

6.1 计算模型 ··· 134

6.2 温度计算 ··· 135

6.3 相变计算 ··· 136

  6.3.1 相与相图 ·· 136

  6.3.2 过冷奥氏体等温转变曲线 ·· 140

  6.3.3 过冷奥氏体连续冷却转变曲线 ··· 141

  6.3.4 相变模型 ·· 143

  6.3.5 钢的热处理 ·· 144

  6.3.6 体积改变 ·· 146

  6.3.7 渗碳模拟 ·· 148

6.4 应变计算 ··· 151

  6.4.1 本构方程 ·· 151

  6.4.2 等向强化和随动强化 ·· 154

6.5 金属热加工相变模拟应用 ·· 155

  6.5.1 金属热加工相变计算机模拟 ··· 155

  6.5.2 热加工相变模拟过程设置 ·· 157

  6.5.3 大型齿圈热处理相变模拟 ·· 157

第 7 章
模具磨损数值仿真及应用 / 161

7.1 模具磨损 ··· 161

7.1.1　摩擦磨损过程 ·· 161

7.1.2　磨损的失效机理 ··· 162

7.2　磨损模型 ··· 164

7.2.1　Archard 磨损模型 ··· 164

7.2.2　Archard 修正模型 ··· 165

7.2.3　Archard 回火软化磨损模型 ························· 166

7.3　模具磨损数值仿真实例 ·· 166

参考文献 / 169

第1章

金属塑性成形概论

1.1
金属塑性成形技术

金属是一种具有光泽、富有延展性、容易导电、导热等性质的物质（单质、化合物或合金）。元素周期表 118 种元素中，约 90 种是金属元素，其它是非金属或准金属。常见的金属包括金、银、铜、铁、铝、锌、镁等。

塑性是材料在外力作用下产生一定的永久变形而不破坏其完整性的能力。材料的塑性对于金属加工尤为重要，塑性差的材料在应力作用下容易破裂或破碎，因此无法对其进行锻造、轧制、挤压或拉拔等成形工艺处理。

塑性成形（也称为塑性加工），是材料成形的基本方法之一，它是利用材料的塑性，在外力作用下获得所需形状和尺寸的一种零件加工方法。金属塑性成形是现代制造业中金属加工的重要方法之一，金属坯料在模具等外力作用下发生塑性变形，从而被加工成棒材、板材、管材以及各种机器零件、构件或日用器具等，图 1.1 为部分塑性成形产品示例。目前，金属塑性加工广泛应用于制造业，据统计，全世界超过 75％的钢材需经塑性加工，在汽车行业，生产锻件和冲压件的数量约占零件总数的 60％以上，而在冶金、航空、船舶和军工等行业其也占有相当比重。

与金属切削、铸造、焊接等加工方法相比，金属塑性成形具有以下特点：

① 材料利用率高。金属塑性成形主要是依靠金属在塑性状态下的体积转移获得所需的形状和尺寸，这种工艺不产生切屑，仅有少量的工艺废料，因此材料利用率高，一般可达 75％～85％，而其中净成形工艺的材料利用率接近 100％。图 1.2 为螺钉头机械加工和塑性成形加工的耗材对比。

② 改善组织，提高性能。金属材料经塑性加工后，其内部组织会发生显著变化，性能得以提高。例如，炼钢铸出的钢锭，内部组织疏松多孔，晶粒粗大且不均匀，偏析也较

图 1.1　塑性成形产品示例

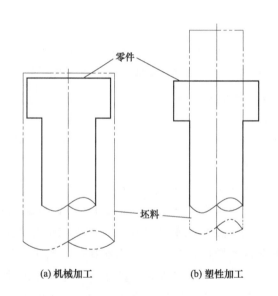

(a) 机械加工　　　　　(b) 塑性加工

图 1.2　螺钉头加工

严重；而经过锻造、轧制或挤压等塑性加工成形的钢锭，夹杂物被击碎，组织变得致密，性能也得以提高。据统计，90％以上的铸钢都要经过塑性加工成为钢坯或钢材，由此得到的金属流线分布更合理，纤维组织更难以被切断，从而可以改善工件的性能。图 1.3 为螺钉头经机械加工和塑性加工后所获得纤维组织的示意图。

　　③ 生产效率高，适合于批量生产。这一特点在金属的轧制、拉丝和挤压等工艺中显得尤为明显。例如，在冲压工艺中，伴随着生产机械化、自动化程度的提高，生产效率明显提高，例如，在双动压力机上成形一个汽车覆盖件仅需要几秒钟。

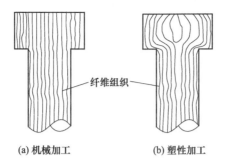

纤维组织

(a) 机械加工　　　　(b) 塑性加工

图 1.3　螺钉头纤维组织

④ 尺寸精度高。精密锻造、精密挤压、精密冲裁等塑性成形方法加工的产品，可以达到不需机械加工就直接使用的精度。例如，精密模锻的锥齿轮，其齿形部分可不经切削加工而直接使用；精锻叶片的复杂曲面可达到只需磨削的精度。

上述特点，使得金属塑性加工在冶金、汽车、宇航、船舶、军工、仪器仪表等行业得到广泛应用。目前，金属塑性加工的发展趋势是实现以净成形（net shape）和近净成形（near net shape）加工为目标的精密成形技术。

1.2
金属塑性成形的方法

金属塑性成形的种类很多，分类方法目前尚不统一。按照产品特点，金属塑性成形一般分为体积成形和板料成形两大类，如图 1.4 所示。体积成形是指对金属块料、棒料或厚板在室温或高温下进行成形加工的方法，主要包括锻造、挤压、轧制和拉拔等。板料成形是使用成形设备通过模具对金属板料加压以获得所需形状和尺寸零件的成形方法，亦称为冲压，由于一般是在室温下进行，所以也称冷冲压。目前，热冲压成形技术也得到了较快

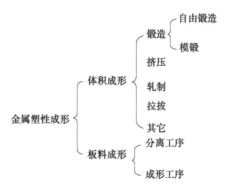

图 1.4　金属塑性成形种类

的发展。板料成形可分为分离工序和成形工序，其中，分离工序俗称冲裁，包括落料、冲孔、修边等，而成形工序包括拉伸、弯曲、胀形、翻边等。

上述成形方法中，锻造和冲压成形的变形区是随着变形过程而变化的，属于非稳定的塑性流动过程，因此，适合间歇生产，主要用于生产机器零件或者坯料，属于机械制造工业领域。轧制、拉拔和挤压成形的变形区在成形过程中是保持不变的，属于稳定的塑性流动过程，因此，适合于连续的批量生产，主要用于生产型材、板材、管材和线材等金属原材料，属于冶金工业领域。下面介绍各种成形方法。

（1）体积成形方法

① 锻造：借助通用工具或模具对金属加压，通过金属体积转移和分配而获得零件或毛坯的加工方法。

锻造生产的基本方法包括自由锻和模锻。其中，自由锻是利用冲击力或压力使金属在上、下两个砧铁之间或砧铁与锤头之间产生变形，从而获得所需形状、尺寸的零件或毛坯，如图 1.5（a）所示。这种成形方法主要用于单件、小批量或者大锻件生产。模锻是金属在具有一定形状的锻模腔内受冲击力或压力而产生塑性变形，从而获得所需形状、尺寸的零件或毛坯。模锻的优点是生产效率高，能生产形状复杂的锻件，具有加工余量少，尺寸精确，锻件纤维分布合理，力学性能好的特点，缺点是成本高，只适用于大批量生产，受模具尺寸等限制，一般用于锻造中小型锻件。模锻可分为开式模锻和闭式模锻，其中，开式模锻是金属在不完全受限制的模腔内变形流动，模具带有一个容纳多余金属的飞边槽，如图 1.5（b）所示。模锻开始时，金属先流向模腔，当模腔阻力增加后，部分金属开始沿水平方向流向飞边槽形成飞边。随着飞边的不断减薄和该处金属温度的降低，金属向飞边槽处流动的阻力加大，迫使更多金属流入模腔。当模腔充满后，多余的金属由飞边槽处流出。闭式模锻即无飞边模锻，如图 1.5（c）所示。锻造过程中，上、下模间隙不变，坯料在四周封闭的模腔中成形，不产生横向飞边，少量的多余材料形成纵向飞刺（飞刺在后续工序中除去）。

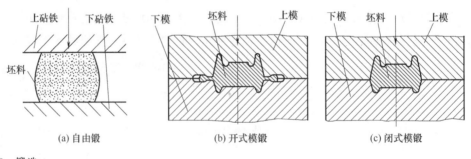

(a) 自由锻　　　　　　　(b) 开式模锻　　　　　　　(c) 闭式模锻

图 1.5　锻造

② 挤压：金属在挤压筒中受推力作用从模孔中流出而制取各种断面金属材料的加工方法。按工艺性质划分，模具可分为正挤压模、反挤压模、复合挤压模、径向挤压模。正挤压时，如图 1.6（a）所示，金属的流动方向与凸模运动方向一致，可用于制造各种形

状的实心件和空心件。反挤压时，如图 1.6（b）所示，金属的流动方向与凸模运动方向相反，可获得各种形状的杯形件。复合挤压时，如图 1.6（c）所示，毛坯一部分金属流动方向与凸模运动方向相同，而另一部分金属流动方向与凸模运动方向相反，可制得各种杯、杆、筒类零件。径向挤压时，如图 1.6（d）所示，金属的流动方向与凸模运动方向相垂直，可用于制造斜齿轮、花键盘等零件。

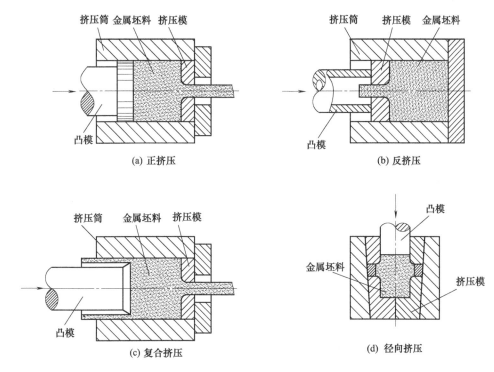

图 1.6　挤压

为了解决传统挤压工艺中生产不连续性，制品长度受限，能耗大，生产效率及成品率低等问题，英国原子能管理局（UKAEA）的格林（D. Green）发明了连续挤压方法。该方法是利用变形金属与模具之间的摩擦力完成加工，多数是以颗粒或杆料为坯料。如图 1.7 所示，当挤压轮旋转时，借助槽壁上的摩擦力不断地将杆状坯料送入，在巨大的挤压力和摩擦力作用下，原材料甚至不需要外部加热即可使变形区的温度上升到金属可挤压成形的再结晶温度区域，再经由腔体从特制的模具中挤出。例如，对于熔点较低的金属（如铝及铝合金、纯铜及部分铜合金等），利用连续挤压方法可一次成形，快速、连续地加工出铝管、铝排、铜排、铜棒等各种规格型材，应用于电机、变压器绕组、轻轨、高铁、汽车、空调、冰箱等相关产品。

③ 轧制：金属坯料通过一对旋转轧辊的间隙，因受轧辊的压缩而使材料截面减小，长度增加的压力加工方法。这种加工方法可用于生产型材、板材和管材，也可利用其原理生产零件或毛坯。

按轧件运动方向划分，轧制方式可分为纵轧、横轧、斜轧和异步轧制。其中，纵

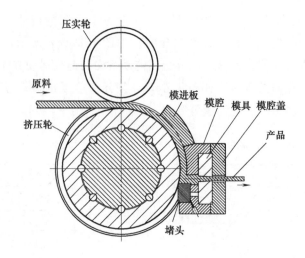

图 1.7　连续挤压

轧是指两工作轧辊旋转方向相反，轧辊的纵轴线相互平行且与轧件的纵轴线垂直，如图 1.8（a）所示，成形时，轧件沿自身的纵轴线方向运动，从两个旋转方向相反的轧辊之间通过，并产生塑性变形，此时，金属延伸主要沿轧件的纵轴线方向。横轧是指轧辊轴线与坯料轴线相互平行的轧制方法，如图 1.8（b）所示，轧件变形后

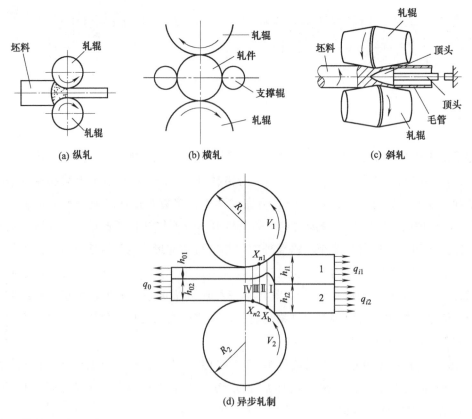

图 1.8　轧制

运动方向与轧辊轴线方向一致。斜轧是指轧辊轴线与坯料轴线相交一定角度的轧制方法，如图1.8（c）所示。异步轧制是一种速度不对等轧制，由于上、下工作辊表面线速度不等（可用于降低轧制力），因此也称为差速轧制或搓轧。异步轧制用于轧制双金属板，在引起轧件弯曲变化的同时，可以调节双金属板的弯曲曲率，而且，在同一异步比的条件下，两金属组元的厚比在满足一定条件时可以得到平直的轧件，如图1.8（d）所示。

一般地，初轧、板带材轧制、型材轧制和线材轧制等多采用纵轧。纵轧最常见的工艺形式是坯料通过装有圆弧形模块的一对相对旋转的轧辊时因受压而变形，其另一种工艺形式是辗环轧制，这种工艺主要用于扩大环形坯料的外径和内径，以获得各种环状零件。成形过程中，大部分材料沿长度方向流动使坯料长度增加，少部分材料横向流动使坯料宽度增加。

此外，还发展了辊锻工艺，如图1.9所示。辊锻属于回转锻造的一种，是将纵向轧制技术引入锻造成形，并经不断发展而形成的锻造工艺。该工艺主要应用于轴类件拔长，成形过程中坯料截面面积不断减小，板坯辗片及沿长度方向分配材料，属于连续局部塑性成形。相比于自由锻、模锻等锻造方法，辊锻具有生产效率高、操作简单、模具磨损小、材料利用率高等优点，已广泛应用于汽车零部件、叶片、工具行业、农机具等的制坯和成形工序，近年来在铁路、机车等行业关键零部件制坯中也得到了广泛应用。

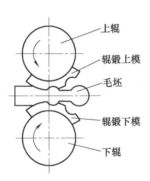

图1.9 辊锻

常用的横轧方法主要有楔横轧和齿轮轧制，可分别用于生产各种类型的台阶轴、齿轮和螺纹。其中，楔横轧是通过两个外表面带有楔形凸棱并作同向旋转的平行轧辊对坯料进行轧制成形，成形过程中，轧件轴线与轧辊轴线平行，轧件相对于轧辊反方向旋转，如图1.10所示。楔横轧适用于成形高径比大的回转件，相比于其它锻造方法，楔横轧工艺尺寸形状精度高、产品质量好、材料利用率高，且成形过程中振动噪声小、劳动强度低、易于实现机械化和自动化。同时，模具寿命长（一次修磨翻新，寿命可达20万件），生产成本低，一般比其它锻造方法约低30%。

斜轧常用于钢管穿孔工艺、螺旋斜轧钢球生产、周期轧制等，如图1.11所示是采用斜轧工艺生产钢球。

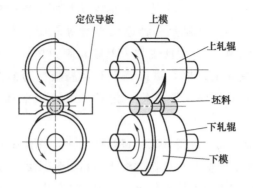

图 1.10　楔横轧

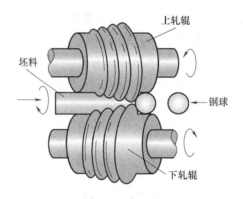

图 1.11　斜轧钢球

④ 拉拔：金属坯料通过拉拔模模孔而发生变形的塑性加工方法。如图 1.12 所示的拉拔工艺可制成与凹模孔截面相同的棒料、管材或线材。

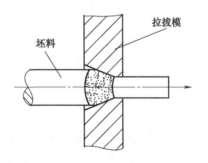

图 1.12　拉拔

⑤ 其它体积成形方法：主要包括摆动辗压、径向锻造、粉末锻造、液态模锻等。下面分别加以介绍。

a. 摆动辗压：模具的轴线与被辗压工件的轴线倾斜一个角度，模具在绕轴心旋转的同时，对坯料进行压缩加工。如图 1.13 所示，主轴旋转时，上模（锥形模具）绕主轴摆动，滑块在油缸作用下上升对坯料施压，上模母线在坯料表面连续不断地滚压，使坯料表面由连续的局部塑性变形发展为整体变形，从而成形为所需形状和尺寸的零件或制品。

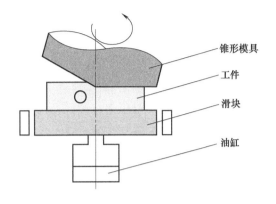

图 1.13　摆辗

摆动辗压属于连续局部成形，这种工艺的特点是：摆头与坯料之间属滚动摩擦，变形力小；可加工外形复杂的零件，尤其适合加工其它锻造方法难以成形的局部很薄的盘类锻件；可用于坯料的镦粗、铆接、缩口、挤压等，且成形精度高，生产率高，料耗小；此外，设备投入少，摆辗机的振动噪声小，利于改善作业环境。

b. 径向锻造：又称旋转锻造，是对轴向送进的旋转棒料或管料施加径向脉冲打击力，从而成形出具有不同横截面或等截面制件的工艺方法。

c. 粉末锻造：金属粉末经压实后烧结，再用烧结体作为锻造毛坯的成形方法。锻造设备一般采用压力机或高速锤。

d. 液态模锻：将定量的熔化金属倒入凹模模腔内，在金属未凝固或即将凝固状态下通过冲头加压，使其凝固成所需形状的加工方法。锻造设备可采用通用液压机或专用液压机。

（2）板料成形方法

板料冲压：冲压成形是板料成形中最主要的工艺方式。所谓冲压，是通过压力机和模具对板材、带材、管材和型材等施加外力，使之产生塑性变形或分离，从而获得所需形状和尺寸的工件。汽车的车身、底盘、油箱、散热器片，电机、电器的铁芯硅钢片，容器的壳体，锅炉的汽包等都是冲压加工成形的。此外，仪器仪表、家用电器、自行车、办公机械、生活器皿等产品中也有大量的冲压件。

冲压按工艺可分为分离工序和成形工序两大类。

a. 分离工序：指冲压过程中使冲压件与板料沿既定轮廓相互分离的工序，且分离断面满足质量要求的加工工序。分离工序也称冲裁，在冲压生产中所占比例最大。冲裁过程中，除剪切轮廓线附近的材料外，板料本身并不发生塑性变形。通常所说的冲裁是落料、冲孔、剪切、切边、冲缺、冲槽、剖切、凿切、切舌、切开等分离工序的总称，下面简介几种主要的工序。

落料和冲孔是最常见的冲裁工艺,二者都是通过冲模实现板料沿封闭轮廓分离,区别在于:冲孔是在板料上冲出孔洞,获得带孔的制件,冲落的是废料,如图 1-14 所示;而落料是为了成形出既定形状和尺寸的落料件,冲落的是产品。

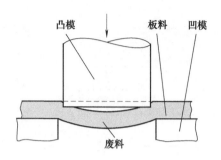

图 1.14　冲孔

剪切是将大平板剪切成条料。切边是切去拉深件的飞边。冲裁除作为备料外,常用于直接加工垫圈、自行车链轮、仪表齿轮、凸轮、拨叉、仪表面板以及电机、电器上的硅钢片,集成电路中的插接件等。

b. 成形工序:使板料在不破坏的条件下发生塑性变形,从而成形出所需形状和尺寸工件的加工工序。常用的成形工序主要包括拉伸、弯曲、翻边、局部成形等,下面逐一加以介绍。

拉伸是将平面板料成形为各种开口空心零件,或对空心件的形状、尺寸做进一步改变的冲压工序。图 1.15 所示为筒形拉伸,法兰区坯料在切向压应力、径向拉应力作用下向直壁流动,从而成形出筒形或带法兰的筒形零件。弯曲是将板料沿弯曲线弯成一定角度和形状的冲压工序。翻边是借助模具使坯料的平面或曲面部分沿封闭或不封闭的边缘形成有一定角度的直壁或凸缘的成形方法。局部成形是利用各种不同性质的局部变形改变毛坯或冲压件形状的冲压工序,主要包括翻边、胀形、校平和整形工序等。

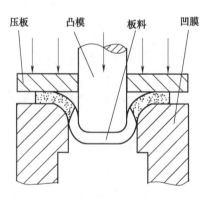

图 1.15　筒形拉伸

（3）其它成形工艺
其它成形工艺主要包括旋压成形、橡胶成形、扭转加工、液压成形、无模多点成形、板料数控渐进成形、黏介质成形等，下面介绍几种常用的工艺。

① 旋压成形是先将金属平板毛坯或预制毛坯卡紧在旋压机的芯模上，如图 1.16 所示，再由主轴带动芯模和坯料旋转，依靠芯模和旋轮使毛坯材料产生连续的、逐点的塑性变形，从而成形出各种母线形状的空心旋转体零件。与切削加工相比，采用旋压工艺所成形的薄壁筒形件精度并不逊色，且在材料利用率、力学性能等方面更具有优势。铝合金筒形件旋压成形是制造汽车轮毂、车辆制动缸等薄壁件最有效的工艺方法之一。

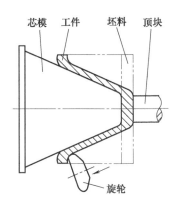

图 1.16　旋压

② 橡胶成形是利用橡胶作为通用凸模（或凹模）进行板料成形的方法。

③ 扭转加工是利用扭转塑性变形对棒材、线材进行加工的方法。成形过程中，试样一端固定，另一端做单向转动或者往复转动，如图 1.17 所示。扭转应力与应变沿试样半径方向呈梯度分布，试样经扭转变形后，可获得形变晶体缺陷沿半径呈梯度分布的试样。假设金属棒材材质均匀，并且是由无数等大圆面累积而成，金属棒材在扭转过程中，垂直于轴线的假想面之间发生了相对转动，每一假想面层的各点相对位置不发生改变。由此可以推理出，理想状态下金属棒状材料在扭转变形后有以下三个特点：a. 初始晶粒会被切成无数个极薄的碟状小晶粒，并沿半径方向呈梯度分布；b. 材料发生了塑性变形，位错增殖、缠结形成位错亚结构，并沿半径方向呈梯度分布；c. 累积应变量和应变速率沿半径方向呈梯度分布，对于低层错能材料和密排六方材料易产生梯度孪晶结构。芯部变形小、晶体缺陷含量少，强度低、塑性好；边部变形大、晶体缺陷含量高，强度高、塑性

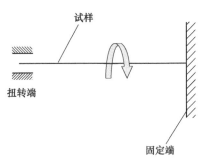

图 1.17　扭转

差。通常这种内韧外强的梯度结构兼具优良的加工硬化能力和高的屈服强度，整体上表现出高强度、高韧性。

此外，按照塑性成形时的工件温度，金属塑性成形还可以分为热成形、冷成形和温成形。

① 热成形：变形温度在再结晶温度以上，变形过程中软化与加工硬化同时并存，但软化能完全克服加工硬化的影响，变形后金属具有再结晶等轴细晶粒组织，这种变形称为热变形。例如，热模锻、热轧、热挤压等工艺都属于热变形，这是应用最广的一种成形工艺。

热变形的特点是金属的塑性高，变形抗力小，即可锻性好，因此，可用于加工尺寸大、形状复杂的锻件，并可改善金属组织的力学性能。但金属在热变形过程中，表面易形成氧化皮，与冷变形锻件相比，尺寸精度较低和表面粗糙度较高，而且，劳动条件和生产率也较差，还需配备相应的加热设备等。

② 冷成形：变形温度低于回复温度时，金属在变形过程中只有加工硬化而无回复与再结晶现象，这种变形称为冷变形。例如冷锻、冷轧、冷挤压、拔丝等都属于冷变形。

冷变形的特点是尺寸精度高、表面粗糙度好、劳动条件好、生产效率高。但冷变形时金属的变形抗力大，塑性差，并积聚有残余内应力，需中间退火后才能继续变形。尽管如此，冷变形工艺仍得到了广泛应用。

③ 温成形：变形温度在再结晶和回复温度之间进行成形。它既有加工硬化，又有回复再结晶的软化，但软化作用小于硬化作用，在金属内部总是部分地保留加工硬化的特征。如温挤压、半热锻等。

温成形可以获得精度和表面粗糙度仅次于冷成形的零件。它部分地保留加工硬化的特征，是强化金属制件力学性能的一种手段，并作为热处理对某些金属材料强化效果不足的弥补措施。温锻较冷锻的变形抗力小、塑性高、残余内应力小，是一种很有前途的工艺方法。温锻的缺点是变形温度要求严格控制，需要加热设备，由于温锻比热锻的抗力大，因此需要较大吨位的锻压设备。

1.3 金属塑性成形理论发展

金属塑性成形加工是具有悠久历史的加工方法，早在两千多年前的青铜器时代，我国就已经发现铜金属具有塑性变形的能力，并且掌握了锤击金属来制造兵器和工具的技术。金属塑性成形技术的理论基础发展得比较晚，20世纪40年代才逐步形成独立的学科，是在塑性成形的物理、物理-化学和塑性力学的基础上发展而成的一门工艺理论。

金属塑性变形的物理和物理-化学基础属于金属学范畴。20世纪30年代提出的位错理论从微观上对塑性变形的机理做出了科学的解释，同时，对于金属产生永久变形而不破坏其完整性的能力——塑性，人们也有了更深刻的认识。塑性作为金属的状态属性，不仅取决于金属材料本身（如晶格类型、化学成分和组织结构等），还取决于变形的外部条件，如合适的温度、速度条件和力学状态等等。

金属塑性成形理论的另一重要方面是塑性成形力学，它是在塑性理论（或者称塑性力学）的发展和应用中逐渐形成的。

1864 年，法国工程师屈雷斯加（H. Tresca）首次提出最大切应力屈服准则。

1913 年，米泽斯（Von. Mises）从纯数学的角度出发，提出了另一新的屈服准则——米泽斯准则。

1925 年，德国学者卡尔曼（Von Karman）用初等应力法建立了轧制时的应力分布规律，最早将塑性理论用于金属塑性加工技术。

继卡尔曼不久，萨克斯（G. Sachs）和奇别尔（E. Siebel）在研究拉丝过程中提出了相似的求解方法——切块法，即后来所称的主应力法。

此后，人们对塑性成形过程的应力、应变和变形力的求解逐步建立了许多理论求解方法，典型的如滑移线法、工程计算法、变分法和变形功法、上限法、有限元法等等。

塑性成形中求解应力、应变等是一项繁重的计算工作，近年来，计算机技术的飞速发展及其在生产中的广泛应用，对塑性成形问题的求解起了很大的促进作用。如已经出现的用于金属塑性成形的有限元分析软件 DEFORM、DYNAFORM、ANSYS 等，为塑性成形的研究提供了极大的方便。

金属塑性成形理论是一门年轻的学科，其中还有大量的问题有待进一步研究和解决。

1.4
金属塑性成形的物理基础

1.4.1　金属的晶体结构和组织

自然界中的物质按其内部粒子（原子、离子、分子、原子集团）排列情况可分为晶体与非晶体两大类。晶体是指其内部粒子呈长周期性规则排列的物质，亦即所谓的长程有序，如钻石、水晶、冰等，而非晶体则不具备长周期规则排列，仅在很短范围内可能存在周期规则排列，亦即所谓的短程有序，如水、玻璃、石蜡等。晶体一般具有规则的外形，但晶体的外形不一定都是规则的，这与晶体形成条件有关。晶体具有固定的熔点，例如，铁（Fe）的熔点为 1538℃。晶体具有各向异性，在同一晶体的不同方向上，具有不同的性能。现代使用的材料绝大部分是晶态材料。晶态材料包括单晶材料、多晶材料、微晶材料和液晶材料等。我们日常使用的各种金属材料大部分是多晶材料。

金属一般均属晶体。金属的晶体结构是指构成金属晶体中的原子（离子）具体结合与排列的情况。金属晶体中原子（离子）排列的规律性，可由 X 射线结构分析方法测定，结果表明，原子（离子）排列均有其周期性。金属晶体中原子排列的周期性可用其基本几何单元体"晶胞"来描述。

（1）金属的晶体结构

① 晶格与晶胞。晶体内部原子是按一定的几何规律排列的。为了便于理解，把原子看成是一个刚性小球，则金属晶体就是由这些小球有规律堆积而成的物体，这种排列的形式称为空间点阵，简称点阵。为了形象地表示晶体中原子排列的规律，可以将原子简化成一个点，用假想的线将这些点连接起来，构成有明显规律性的空间格架。这种表示原子在晶体中排列规律的空间格架称为晶格，又称晶架，如图 1.18（a）所示。

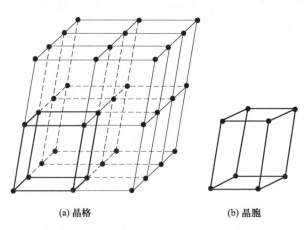

(a) 晶格　　　　　　(b) 晶胞

图 1.18　晶体中原子排列

由于晶体中原子的规则排列具有周期性的特点，因此，为了简化，通常只从晶格中选取一个能够完全反映晶格对称特征的、最小的几何单元来分析晶体中原子排列的规律，这个最小的几何单元称为晶胞，如图 1.18（b）所示。整个晶格就是由许多大小、形状和位向相同的晶胞在空间重复堆积而成的。晶胞的大小和形状常以晶胞的棱边长度 a、b、c 及棱间夹角 α、β、γ 来表示，如图 1.19 所示。图中通过晶胞角上某一结点沿其三条棱边作三个坐标轴 x、y、z，称为晶轴。晶胞的棱边长度，称为晶格常数或点阵常数，晶胞

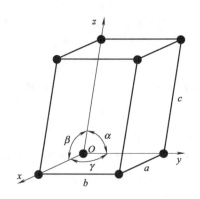

图 1.19　晶轴及晶胞参数

的棱间夹角又称为晶轴间夹角。习惯上，以原点 O 的前方、右方、上方为三个轴的正方向，反之为负方向。

② 纯金属的典型晶体结构。金属晶体中原子在空间规则排列的方式称为金属的晶体结构。金属原子间的结合键为金属键，由于金属键的无方向性和不饱和性，使金属原子（离子）趋于作高度对称的、紧密的和简单的排列。自然界中的晶体有成千上万种，它们的晶体结构各不相同，但若根据晶胞的三个晶格常数和三个轴间夹角的相互关系对所有的晶体进行分析，则发现空间点阵只有 14 种类型，归纳为七个晶系。由于金属原子趋向于紧密排列，所以在工业上使用的金属元素中，除了少数具有复杂的晶体结构外，绝大多数金属具有体心立方（BCC）、面心立方（FCC）或密排六方（HCP）三种典型的晶体结构。

a. 体心立方：体心立方晶体的晶胞如图 1.20 所示，其晶胞是一个立方体，在体心立方晶胞的每个角上和晶胞中心都有一个原子，晶格常数 $a=b=c$，晶轴间夹角 $\alpha=\beta=\gamma=90°$。具有体心立方晶体结构的金属有 α-Fe（铁）、W（钨）、Mo（钼）、V（钒）、β-Ti（钛）等。

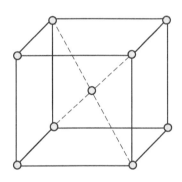

图 1.20　体心立方晶胞

b. 面心立方：面心立方晶体的晶胞如图 1.21 所示。其晶胞也是一个立方体，在面心立方晶胞的每个角上和晶胞的六个面的中心都有一个原子，晶格常数 $a=b=c$，晶轴间夹角 $\alpha=\beta=\gamma=90°$。具有面心立方晶体结构的金属有 γ-Fe、Al（铝）、Cu（铜）、Ag（银）、Au（金）、Pb（铂）、Ni（镍）、β-Co（钴）等。

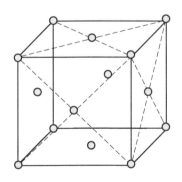

图 1.21　面心立方晶胞

c. 密排六方：密排六方晶体的晶胞如图 1.22 所示。它是由六个呈长方形的侧面和两个呈正六边形的底面所组成的一个六方柱体，在密排六方晶胞的每个角上和上、下底面的中心都有一个原子，另外在中间还有三个原子。具有密排六方晶体结构的金属有 Mg（镁）、Zn（锌）、Be（铍）、Cd（镉）、α-Ti、α-Co 等。

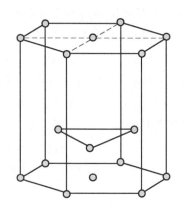

图 1.22　密排六方晶胞

③ 晶面和晶向的表示方法。在晶体中，由一系列原子所组成的平面称为晶面，任意一列原子所指的方向称为晶向。为了方便分析，通常用一些晶体学指数来表示晶面和晶向，分别称为晶面指数和晶向指数。图 1.23（a）所示是立方系的几个晶面和它们的指数，1.23（b）所示为立方晶胞中的主要晶向。在立方晶系中，晶面指数与晶向指数在数值上完全相同或成比例时，它们是互相垂直的。

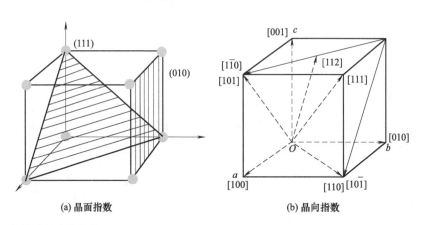

(a) 晶面指数　　　　　　　　　(b) 晶向指数

图 1.23　立方晶系的米勒指数

④ 晶体结构缺陷。在实际应用的金属材料中，原子的排列不可能像理想晶体那样规则和完整，总是不可避免地存在一些原子偏离规则排列的不完整性区域，金属学中将这种原子组合的不规则性，统称为结构缺陷或晶体缺陷。根据缺陷相对于晶体的尺寸，或其影响范围的大小，可将它分为点缺陷、线缺陷、面缺陷和体缺陷。

点缺陷的特征是三个方向的尺寸都很小，不超过几个原子间距，晶体中的点缺陷主要指空位、间隙原子和置换原子。线缺陷的特征是缺陷在两个方向上的尺寸很小，而第三个方向上的尺寸却很大，甚至可以贯穿整个晶体，属于这一类的主要是位错。位错可分为刃型位错和螺型位错。面缺陷的特征是缺陷在一个方向上的尺寸很小，而其余两个方向上的尺寸则很大，晶体的外表面及各种内界面，一般晶界、孪晶界、亚晶界、相界及层错等属于这一类。体缺陷的特征是缺陷在三个方向的尺寸都较大，但不是很大，例如固溶体内的偏聚区、分布极弥散的第二相超显微微粒以及一些超显微空洞等。

（2）合金的晶体结构

由于纯金属性能上的局限性，实际使用的金属材料绝大多数是合金。由两种或两种以上的金属，或金属与非金属，经熔炼、烧结或其它方法组合而成并具有金属特性的物质称为合金。组成合金最基本的、独立的物质称为组元，简称为元。一般说来，组元就是组成合金的元素，也可以是稳定的化合物。当不同的组元经熔炼或烧结组成合金时，这些组元间由于物理的或化学的相互作用，形成具有一定晶体结构和一定成分的相。相是指合金中结构相同，成分和性能均一并以界面相互分开的组成部分。由一种固相组成的合金称为单相合金，由几种不同相组成的合金称为多相合金。

不同的相具有不同的晶体结构，虽然相的种类极为繁多，但根据相的晶体结构特点可以将其分为固溶体和金属化合物两大类。如果在合金相中，组成合金的异类原子能够以不同比例均匀混合，相互作用，其晶体结构与组成合金的某一组元相同，这种合金相就叫作固溶体。如果在合金相中，组成合金的异类原子有固定的比例，而且晶体结构与组成组元均不相同，则这种合金相叫作化合物或中间相。

① 固溶体

所谓固溶体是指合金的组元之间以不同的比例相互混合，混合后形成的固相的晶体结构与组成合金的某一组元相同，这种相就称为固溶体，这种组元称为溶剂，其它的组元即为溶质。除一些特殊用途的材料外，工业合金绝大部分都是以固溶体作为基体的，有的甚至完全由固溶体所组成。例如：产量很大、用途很广的普通碳钢和低合金钢，其组织中固溶体的含量至少在 85% 以上，甚至可多达 98% 以上；α 黄铜中，除了杂质外，几乎 100% 是固溶体。当前非常火热的多主元合金（multi-component alloy）是一种等原子比、多元素的单相固溶体合金，也称为高熵合金（high-entropy alloy）。随着研究的深入，近年来多主元多相高熵合金也相继被报道。

② 金属化合物。构成合金的各组元间除了相互溶解而形成固溶体外，当超过固溶体的最大溶解度时，还可能形成新的合金相，又称为中间相。这种合金相包括化合物和以化合物为溶剂而以其中某一组元为溶质的固溶体，它的成分可在一定范围内变化。该化合物中，除了离子键、共价键外，金属键也参与作用，因而它具有一定的金属性质，有时就叫作金属化合物。中间相的晶格类型和性能均不同于任一组元，通常可用化合物的化学分子式表示。碳钢中的 Fe_3C、黄铜中的 $CuZn$、铝合金中的 $CuAl_2$ 等都是金属化合物。

1.4.2 金属塑性成形性能和基本规律

（1）塑性成形性能

用于衡量压力加工工艺性好坏的主要工艺性能指标，称为金属的塑性成形性能。金属的塑性成形性好，表明该金属适用于压力加工。衡量金属的塑性成形性，通常是从金属材料的塑性和变形抗力两个方面来考虑。

① 塑性性能

a. 塑性。塑性反映了材料产生塑性变形的能力。塑性不是固定不变的，同一种材料，在不同的变形条件下，会表现出不同的塑性。为衡量金属塑性的高低而确定的数量上的指标，一般以金属材料开始发生破坏时的塑性变形量来表示。

b. 塑性指标。塑性指标一般用金属在破坏前产生的最大变形程度表示，即极限变形量。常用的塑性表示方法主要包括断面收缩率、伸长率、冲击韧性、最大压缩率、扭转角（或扭转数）、弯曲次数等。为衡量金属塑性的高低而确定的数量上的指标，一般以金属材料开始发生破坏时的塑性变形量来表示。

塑性指标的测量方法主要有拉伸试验法、压缩试验法、扭转试验法和轧制模拟试验法。

（a）拉伸试验法。利用拉伸试验得到的数据可以确定材料的拉伸性能指标，如图 1.24 所示为测量材料的伸长率。

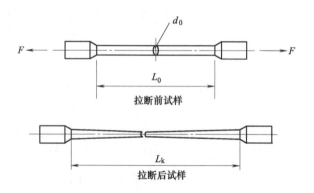

图 1.24　拉伸试验

拉伸试验伸长率 δ（％）

$$\delta = \frac{L_k - L_0}{L_0} \times 100\% \tag{1-1}$$

式中，L_0、L_k 为试样的原始标距和试样断裂后的标距长度，mm。

断面收缩率 ψ（％）

$$\psi = \frac{A_0 - A_k}{A_0} \times 100\% \tag{1-2}$$

式中，A_0、A_k 为试样的原始横截面积和试样断裂处的最小横截面积。

塑性指标还可以通过镦粗试验和扭转试验测定。

（b）镦粗试验。镦粗试验中，试样的高度为直径的 1.5 倍，以出现第一条裂纹时的变形程度为塑性指标，如图 1.25 所示。

$$\varepsilon = \frac{H_0 - H_k}{H_0} \times 100\% \tag{1-3}$$

式中，H_0、H_k 试样原始高度和表面出现第一条裂纹时的高度。

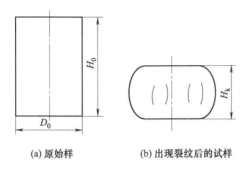

(a) 原始样　　　　　(b) 出现裂纹后的试样

图 1.25　镦粗试验

（c）扭转试验法。同一试样在相同的载荷作用下发生扭转变形，破坏前的总转数越高，塑性越好。将扭转数换算为剪切变形（γ），也可以度量材料的塑性。

$$\gamma = R\, \frac{\pi n}{30 L_0} \tag{1-4}$$

式中，R 为试样工作段的半径；L_0 为试样工作段的长度；n 为试样破坏前的总转数。

（d）轧制模拟试验法。用平辊轧制楔形试件，用偏心轧辊轧制矩形试样，找出试样上产生第一条可见裂纹时的临界压下量作为轧制过程的塑性指标。

c. 塑性图。塑性图是在不同的变形速度下，以不同温度下的各种塑性指标（σ_b、δ、ψ、ε、α_k 等）为纵坐标、以温度为横坐标绘制成的函数曲线，如图 1.26 所示。

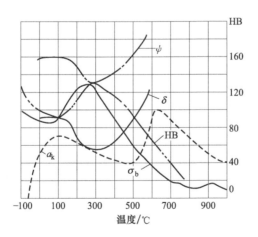

图 1.26　碳钢塑性图

② 变形抗力。金属在发生塑性变形时，使金属发生塑性变形的外力，称为变形力，产生抵抗变形的能力，称为变形抗力。变形抗力和变形力数值相等，方向相反，一般用接

触面上平均单位面积变形力表示。当压缩变形时，变形抗力即是作用于施压工具表面的单位面积压力，所以也称单位流动压力。变形抗力的大小取决于材料在一定变形条件下的真实应力，塑性加工时的应力状态、接触摩擦状态和变形体的尺寸因素等。只有在单向应力状态下，材料的变形抗力才等于材料在该变形条件下的真实应力。

塑性和变形抗力是两个不同的概念，塑性反映材料塑性变形的能力，变形抗力反映塑性变形的难易程度。塑性好不一定变形抗力低，反之亦然。实际生产中，往往优先考虑材料的塑性。

（2）金属塑性成形的基本规律

金属塑性变形时遵循的基本规律主要有最小阻力定律、加工硬化和体积不变规律等。

① 最小阻力定律。塑性变形过程中，如果金属质点有向几个方向移动的可能时，则金属各质点将向阻力最小的方向移动。最小阻力定律符合力学的一般原则，它是塑性成形加工中最基本的规律之一。利用最小阻力定律可以推断，任何形状的物体只要有足够的塑性，都可以在平锤头下镦粗并使坯料逐渐接近于圆形。这是因为在镦粗时，金属流动距离越短，摩擦阻力也越小。方形坯料镦粗时，沿四边垂直方向摩擦阻力最小，而沿对角线方向阻力最大，金属在流动时主要沿垂直于四边方向流动，很少向对角线方向流动，随着变形程度的增加，断面将趋于圆形。由于相同面积的任何形状总是圆形周边最短，因此最小阻力定律在镦粗中也称为最小周边法则。

实际工艺中，通过调整某个方向的流动阻力来改变某些方向上金属的流动量，以便合理成形，消除缺陷。例如，在模锻中增大金属流向分型面的阻力，或减小流向型腔某一部分的阻力，可以保证锻件充满型腔。在模锻制坯时，可以采用闭式滚挤和闭式拔长模膛来提高滚挤和拔长的效率。

② 加工硬化及卸载弹性恢复规律。常温下，金属随着变形量的增加，变形抗力增大，其塑性和韧性下降的现象称为加工硬化。因此，为了使变形继续，就需要增加变形外力或变形功。如图 1.27 所示为低碳钢试样轴向拉伸时的应力-应变曲线，该过程分四个阶段，各阶段变形特征及应力特征如下。

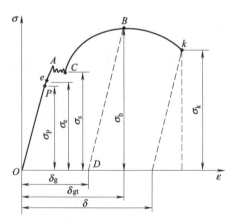

图 1.27　低碳钢试样轴向拉伸时的应力-应变曲线

a. 弹性阶段（Oe 段）。OP 段是直线，此段材料符合胡克定律，应力 σ 与应变 ε 呈线性关系，即 $\sigma = E\varepsilon$，直线 OP 的斜率 E 就是材料的弹性模量，直线部分最高点所对应的应力值记作 σ_P，称为材料的比例极限。曲线超过 P 点，Pe 段已不再是直线，说明材料已不符合胡克定律。但在 Pe 段内卸载，变形也随之消失，说明 Pe 段发生的也是弹性变形，e 点所对应的应力值记作 σ_e，称为材料的弹性极限。

弹性极限与比例极限非常接近，工程实际中通常对二者不做严格区分，而近似地用比例极限代替弹性极限。

b. 屈服阶段（eC 段）。曲线超过 e 点后，出现了一段锯齿形曲线，这一阶段应力基本保持不变，而应变显著增加，材料好像失去了抵抗变形的能力，这种应力不增加而应变显著增加的现象称为屈服，eC 段称为屈服阶段。屈服阶段曲线最低点所对应的应力 σ_s 称为屈服极限（或屈服点）。在屈服阶段卸载，将出现不能消失的塑性变形。工程上一般不允许构件发生塑性变形，并把塑性变形作为塑性材料破坏的标志，因此，屈服极限 σ_s 是衡量塑性材料强度的一个重要指标。屈服阶段的塑性变形是不均匀的。

c. 强化阶段（CB 段）。屈服阶段以后，曲线从 C 点又开始逐渐上升，此时欲使应变增加，必须增加应力，材料又恢复了抵抗变形的能力，这种现象称为强化，CB 段称为强化阶段。曲线最高点所对应的应力值记作 σ_b，称为材料的强度极限（或抗拉强度），它是衡量材料强度的又一个重要指标。曲线到达 B 点前，试件的变形是均匀发生的。

d. 缩颈断裂阶段（Bk 段）。曲线到达 B 点，在试件比较薄弱的某一局部（通常是材质不均匀或有缺陷处），变形显著增加，有效横截面急剧减小，出现了缩颈现象，试件很快被拉断，所以 Bk 段称为缩颈断裂阶段。

卸载时，所处阶段不同，规律也不相同。在弹性变形范围内卸载，如 OP 段，没有残留的永久变形，应力、应变按照同一直线回到原点。当变形超过屈服点 A 进入塑性变形范围，如达到 B 点时的应力与应变分别为 σ_b、ε_b，再减小载荷，应力-应变的关系将按另一直线 BD 回到 D 点，不再重复加载曲线经过的路线。加载时的总变形量 ε_b 可以分为两部分，一部分 ε_t 因弹性恢复而消失，另一部分 ε_s 保留下来成为塑性变形。如果卸载后再重新加载，应力应变关系将沿直线 DB 逐渐上升，到达 B 点，应力 σ_b 使材料又开始屈服，随后应力-应变关系仍按原加载曲线变化。

硬化曲线可以用函数式表达为：

$$\sigma = A\varepsilon^n \tag{1-5}$$

式中，A 为材料的强度系数，MPa；n 为硬化指数。

加工硬化产生的原因主要是由于塑性变形引起位错密度增大，导致位错之间交互作用增强，大量形成缠结、不动位错等障碍，形成高密度的"位错林"，使其余位错运动阻力增大，导致塑性变形抗力提高。加工硬化具有两面性：一方面，它能提高金属的强度，可作为强化金属的一种手段（形变强化），还可以改善一些冷加工工艺性能，使塑性变形能够较均匀地分布于整个工件；另一方面，它又增加了变形的困难，提高了变形抗力，甚至降低了金属的塑性。加工硬化既是金属塑性变形的特征，也是强化金属的重要手段。

③ 塑性变形时的体积不变规律。金属塑性变形过程中，其体积为一常数，也就是说，

金属坯料在塑性变形前后的体积是相等的，这就是体积不变假设，也称为体积不变定律。因此，塑性变形时，只有形状和尺寸的改变，而无体积的变化。不论应变状态如何，其中必有一个主应变的符号与其它两个主应变的符号相反，且这个主应变的绝对值最大。当已知两个主应变的数值时，第三个主应变大小也可求出。

事实上，金属塑性变形过程中，其体积总会发生一些小的变化。例如，热变形后金属密度增加，体积稍有减小。冷变形时，由于晶体的晶内破坏和晶间破坏现象，金属的疏松程度增加，使金属体积稍有增加。这些微小的变化在锻造生产中可以忽略不计。所以，实际计算锻件坯料尺寸和工序尺寸以及设计模具时，均可根据体积不变定律进行。

1.4.3　金属塑性变形机理

（1）金属的冷塑性变形

单晶体的塑性变形主要有滑移、孪生两种方式，但主要方式是滑移，只有当滑移过程很难进行时，才可能发生孪生变形。多晶体在受到外力作用时，变形首先在那些晶粒位向最有利的晶粒中进行。在这些晶粒中，位错将沿着最有利的滑移面运动，移到晶界处即行停止，一般不能直接穿过晶界。所以，滑移和孪生在多晶体中造成的结果就是每个晶粒有不同的形变，形变量和方向不统一，不同位置晶粒的晶界所受应力不平衡，总体来看是塑性的变形和局部应力集中。如果应力大到使晶粒滑移穿透晶界，则在这些晶界处容易生成空隙，导致材料的疲劳和破坏。可见，多晶体的塑性变形与单晶体的塑性变形相比并无本质区别，即每个晶粒的塑性变形仍以滑移方式进行，但由于晶界的存在和各个晶粒的位向不同，多晶体的塑性变形可分为晶内变形和晶间变形。晶内变形是晶粒内部的塑性变形，晶间变形是晶粒与晶粒之间的移动或转动。

① 晶内变形

a. 滑移。晶内塑性变形的主要方式是滑移，即在切应力的作用下，晶体的一部分与另一部分沿一定的晶面和晶向产生相对滑动，其中，原子密度最大或比较大的晶面成为滑移面，原子密度最大的密排方向成为滑移方向。一个滑移面和该面上的一个滑移方向构成滑移系。滑移的结果使大量的原子逐步发生迁移，从而产生宏观的塑性变形。晶内滑移受到晶界的阻碍，还受到周围难滑移晶粒的阻碍。随着变形的增加，还可能发生多系滑移，且滑移面还可能产生扭转、弯曲等。

拉伸时，单晶体发生滑移，外力轴将发生错动，产生一力偶，迫使滑移面向拉伸轴平行方向转动，图 1.28 为单晶金属拉伸变形示意图。使滑移方向趋于最大切应力方向。滑移系越多，金属发生滑移的可能性越大，塑性越好。

表 1.1 为不同晶格金属的滑移系数目，滑移方向对滑移所起的作用比滑移面大，所以，面心立方晶格金属比体心立方晶格金属的塑性更好。需要注意的是，体心立方不是自然界最密排结构，体心立方金属的滑移变形受合金元素、晶体位向、温度、应变速率的影响比较大。体心立方金属的滑移面不太稳定，通常在低温时为 {112}，在中温时为 {110}，在高温时为 {123}，这可能是由于体心立方晶体的密堆程度不如面心立方及密排六方晶体高，又缺乏密排程度足够高的密排面。而体心立方晶体的滑移方向很稳定，总是

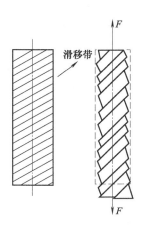

图 1.28　锌单晶体拉伸

<111>。考虑到 {110} 和 {123} 滑移面的参与，体心立方晶体的滑移系数目为 48 个。

⊡ **表 1.1　不同晶格金属的滑移系数目**

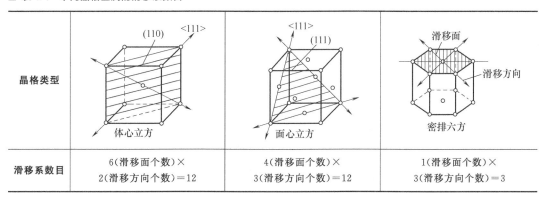

晶格类型	体心立方	面心立方	密排六方
滑移系数目	6(滑移面个数)×2(滑移方向个数)=12	4(滑移面个数)×3(滑移方向个数)=12	1(滑移面个数)×3(滑移方向个数)=3

　　b. 孪生。在切应力作用下，晶体一部分沿一定的晶面产生一定角度的切变，这种现象称为孪生，相应的晶面称为孪晶面。孪生的晶体学特征是晶体相对于孪晶面成镜面对称，如图 1.29 所示。以孪晶面为对称面的两部分晶体称为孪晶。孪生变形引起的变形量

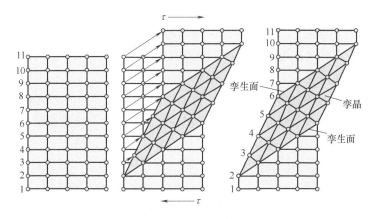

图 1.29　孪生

是较小的，因此，晶体的塑性变形主要依靠滑移变形。

② 晶间变形。晶间变形的方式主要包括晶粒间的滑移和孪生的传递及转动，主要受晶界和晶粒间位向的影响。晶界是晶粒间的过渡区，其原子排列较混乱，又常常聚集有杂质粒子，所以其变形抗力较大，阻碍了滑移的进行。由于多晶体中各个晶粒的位向不同，受外力作用时，有的晶粒处于有利于滑移的位置，有的晶粒处于不利于滑移的位置。当有利于滑移的晶粒要发生滑移时，必然受到周围位向不同的其它晶粒的约束，使滑移阻力增大，从而提高了塑性变形的抗力。在外力作用下，当沿晶界处的切应力足以克服相邻晶粒发生位错滑移或孪生的阻力时，变形从一个晶粒传递到相邻晶粒。此外，多晶体变形的不均匀性使得在相邻的晶粒间产生了力偶，造成晶粒间的相互转动。晶粒相对转动的结果可使已发生滑移的晶粒逐渐转到位向不利的位置而停止滑移，而使另外一些晶粒转至有利的位向而发生滑移。

通常情况下，多晶材料的变形以晶内变形为主，晶界稳定性高，主要阻碍滑移和孪生，提高材料变形抗力。而对于纳米晶材料或者高温变形时，晶界稳定性变差，这时需要考虑晶界自身的滑动变形。

（2）金属的热塑性变形

① 热塑性变形时金属的软化过程。热塑性变形是发生在再结晶温度以上的变形。由于塑性变形在再结晶温度以上，塑性变形产生的加工硬化会因为再结晶而发生软化，因此，通常情况下热塑性变形硬化和软化同时发生。热塑性变形时金属的软化过程比较复杂，与变形温度、应变速率、变形程度和金属本身的性质有关，主要有静态回复、静态再结晶、动态回复、动态再结晶和亚动态再结晶等。

从热力学角度来看，变形引起加工硬化，晶体缺陷增多，金属畸变内能增加，原子处于不稳定的高自由能状态，具有向低自由能状态转变的趋势。加热升温时，原子具有相当的扩散能力，变形后的金属自发地向低自由能状态转变。这一转变过程称为回复和再结晶，这一过程伴随着晶粒长大。

回复往往是在较低的温度下或较早的阶段发生的过程，再结晶则是在较高的温度下或较晚的阶段发生的转变。回复和再结晶包括静态回复、静态再结晶及动态回复和动态再结晶。

a. 静态回复：在回复阶段，金属的强度、硬度有所下降，塑性、韧性有所提高；但显微组织没有发生明显的变化，因为在回复温度范围内，原子只在晶内作短程扩散，使点缺陷和位错发生运动，改变了数量和状态的分布。

b. 静态再结晶：冷变形金属加热到一定温度后，会发生再结晶现象，用新的无畸变的等轴晶，取代金属的冷变形组织。与回复不同，再结晶使金属的显微组织彻底改变或改组，使其在性能上也发生很大变化，如强度、硬度显著降低，塑性大大提高，加工硬化和内应力完全消除，物理性能得到恢复，等。

需要注意的是，再结晶并不是一个简单地使金属的组织恢复到变形前状态的过程，可以通过控制变形和再结晶条件，调整再结晶晶粒的大小和再结晶的体积数，用这种方式和手段来改善和控制金属组织和性能。

c.动态回复：动态回复发生在热塑性变形过程中，它对软化金属起着重要的作用。动态回复主要是通过位错的攀移、交滑移来实现的。层错能高，变形位错的交滑移和攀移比较容易进行，位错容易在滑移面间转移，使异号位错互相抵消，其结果是位错密度下降，畸变能降低，达不到动态再结晶所需的能量水平，所以动态回复是层错能高的金属热变形过程中唯一的软化机制。

d.动态再结晶：在热塑性变形过程中发生的，层错能低的金属在变形量很大时才可能发生动态再结晶。因为层错能低时，不易进行位错的交滑移和攀移。动态再结晶需要一定的驱动力，只有畸变能差积累到一定水平时，动态再结晶才能启动，否则只能发生动态回复。只有当变形程度远高于静态再结晶所需的临界变形程度时，动态再结晶才会发生。

② 热塑性变形机理。金属热塑性变形机理主要有晶内滑移、晶内孪生、晶界滑移、扩散蠕变等形式，其中，晶内滑移是最主要的行为方式，孪生多发生在高温高速变形时，晶界滑移和扩散蠕变只发生在高温变形时。

a.晶内滑移：高温时原子间距加大，原子的热振动和扩散速度加快，位错的活动变得活跃起来，滑移、攀移、交滑移和位错结点脱锚比低温时容易；滑移系增多，改善了各晶粒之间的变形协调性；同时，在热变形状态下，晶界对位错运动的阻碍作用相对减弱，位错有可能进入晶界。

b.晶界滑移：热塑性变形时，晶界强度较低，使得晶界滑动变得容易进行。与冷变形相比，晶界滑动的变形量要大得多。此外，改变变形条件，如降低应变速率和减小晶粒尺寸，都有利于增大晶界滑动量。三向压应力状态有利于修复高温晶界滑动所产生的裂缝，扩大晶界变形。但是，在常规条件下，晶界滑动相对于晶内滑移变形量还是比较小的。

c.扩散蠕变：扩散蠕变是在应力场作用下，由空位的定向移动引起的。在一定温度下，晶体中总存在一定数量的空位。显然，空位旁边的原子容易跳入空位，相应地在原子占据的结点上出现新的空位，相当于空位朝原子迁移的相反方向迁移。在应力场作用下，受拉应力的晶界的空位浓度高于其它部位的晶界，由于各部位空位的化学势能差，而引起空位的定向转移，即空位从垂直于拉应力的晶界析出，而被平行于拉应力的晶界所吸收。

（3）合金的塑性变形

合金具有纯金属不可比拟的力学性能和特殊的物理、化学性能。合金的相结构主要有固溶体（如钢中的铁素体）和化合物（钢中的 Fe_3C）两大类，常见的合金组织主要有单相固溶体合金、两相或多相合金两大类。

① 单相固溶体合金的塑性变形。单相固溶体合金具有优异的塑性变形能力，变形方式与多晶体纯金属相似，也是滑移和孪生，变形时同样受到相邻晶粒的影响。但溶质原子溶入后，使其塑性变形抗力增大，合金强度、硬度提高而塑性、韧性下降，并有较大的加工硬化率。这种现象叫作固溶强化，是由溶质原子阻碍金属中的位错运动引起的。

② 多相合金的塑性变形。通常情况下合金塑性变形能力较差。多相合金（两相合金）中的第二相可以是纯金属、固溶体或化合物，起强化作用的主要是硬而脆的化合物。合金的塑性变形在很大程度上取决于第二相的数量、形状、大小和分布的形态。但从变形的机

理来说，仍然是滑移和孪生。

第二相以连续网状分布在基体晶粒的边界上，随着第二相数量的增加，合金的强度和塑性皆下降。第二相以弥散质点（颗粒）分布在基体晶粒内部，合金的强度显著提高，对塑性和韧性的影响较小。第二相以细小质点的形式存在而使合金显著强化的现象称为弥散强化，如图1.30所示为回火索氏体的第二相。一方面，相界面积显著增多并使周围晶格发生显著畸变，从而使滑移阻力增加；另一方面，第二相质点阻碍位错的运动。因此，粒子越细，弥散分布越好，强化的效果越好。

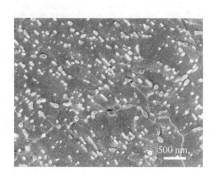

图1.30　弥散型两相合金

1.4.4　影响塑性和变形抗力的因素

（1）对塑性的影响因素

影响金属塑性的因素主要包括金属本身的晶格类型、化学成分和金相组织等内在因素，以及变形时受力状况、变形速度和变形温度等外在因素。

① 化学成分和合金成分。纯金属的塑性成形性比合金的好。金属的塑性随其纯度的提高而增加，如纯度为99.96％的纯铝伸长率为45％，纯度为98％的纯铝伸长率为30％。

碳（C）对碳钢性能的影响最大。碳能固溶于铁，形成铁素体和奥氏体，它们具有良好的塑性。当铁中的碳含量超过其溶碳能力时，多余的碳便以渗碳体 Fe_3C 形式出现，它具有很高的硬度，而塑性几乎为零。含碳量越高，渗碳体的数量越多，金属的塑性也越差。

钢的含碳量对钢的塑性成形性影响很大，对于碳质量分数小于0.15％的低碳钢，主要以铁素体为主，其塑性较好。随着碳质量分数的增加，钢中的珠光体量也逐渐增多，甚至出现硬而脆的网状渗碳体，使钢的塑性下降，塑性成形性也越来越差。合金元素特性、数量、元素之间的相互作用及分布等对金属的塑性也会产生影响。铬（Cr）、钨（W）、钼（Mo）、钛（Ti）、钒（V）会形成硬而脆的碳化物致使塑性下降。钛、钒也会根据处理工艺的不同形成高度弥散的碳化物细小颗粒，但对塑性影响不大。

在碳钢中，杂质元素对钢的塑性有较大影响，杂质的存在状态、分布情况和形状不同，对塑性的影响也不同，如：铅（Pb）、硫（S）、锡（Sn）等，不溶于金属，降低金属塑性。磷（P）是钢中有害杂质，在钢中有很大的溶解度，易溶于铁素体，使钢的塑性降低，在低温时更为严重，这种现象称为冷脆性。S 也是钢中的有害物质，主要与铁形成 FeS（熔点 1190℃），与其它元素形成硫化物。硫化物及其共晶体（Fe-FeS），通常分布于晶界上，在钢的锻造温度范围内会发生变形开裂，即"热脆"现象。在钢中加入适量锰（Mn），生成 MnS，硫化锰及其共晶体的熔点高于钢的锻、轧温度，不会产生热脆性，从而消除硫的危害。氮（N）在钢中主要以氮化物 Fe_4N 形式存在。当含量较小时，对钢的塑性影响较小；当含量增加时，钢的塑性下降。当含氮量较高的钢从高温快冷至低温时，α铁被过饱和，随后以 Fe_4N 形式析出，使钢的塑性、韧性大大下降，这种现象称为时效脆性。氢（H），钢中溶氢，会使钢的塑性、韧性下降，造成所谓"氢脆（白点）"。氧（O）在钢中溶解度很小，主要以氧化物的形式出现，降低钢的塑性。氧与其它夹杂物形成共晶体，分布于晶界处，造成钢的热脆性。

② 晶格类型和组织状态

a. 晶格类型的影响：面心立方金属具有 12 个滑移系，同一滑移面上 3 个滑移方向，塑性最好，如铝（Al）、铜（Cu）和镍（Ni）等。体心立方金属也具有 12 个滑移系，同一滑移面上 2 个滑移方向，塑性较好，如钒（V）、钨（W）、钼（Mo）等。密排六方具有 3 个滑移系，塑性最差，如镁（Mg）、锌（Zn）、钙（Ca）等。

b. 晶粒度的影响：晶粒度越小，越均匀，塑性越高。

c. 相组成的影响：纯金属及单相固溶体的合金塑性成形性能较好；钢中有碳化物和多相组织时，塑性成形性能变差；具有均匀细小等轴晶粒的金属，其塑性成形性能比晶粒粗大的柱状晶粒好；具有网状二次渗碳体时，钢的塑性将大大下降。

d. 铸造组织的影响：铸造组织具有粗大的柱状晶粒，具有偏析、夹杂、气泡、疏松等缺陷，因而塑性较差。

③ 变形温度。温度升高，塑性提高，塑性成形性能得到改善。变形温度升高到再结晶温度以上时，加工硬化不断被再结晶软化消除，金属的塑性成形性能进一步提高。加热温度过高，会使晶粒急剧长大，导致金属塑性减小，塑性成形性能下降，这种现象称为"过热"。如果加热温度接近熔点，会使晶界氧化甚至熔化，导致金属的塑性变形能力完全消失，这种现象称为"过烧"，坯料如果过烧将报废。

④ 变形速度。变形速度是单位时间内变形程度的大小。一方面，随变形速度的增大，金属在冷变形时的冷变形强化趋于严重，热变形时没有足够的时间进行回复或再结晶，软化过程进行得不充分，金属的塑性降低。另一方面，随着变形速率的增加，在一定程度上使金属的温度升高，温度效应显著，从而提高金属的塑性。

⑤ 应力状态。实践证明，在三向应力状态下，主应力图中压应力个数越多，数值越大，则其塑性越好；拉应力个数越多，数值越大，则其塑性越差。这是由于拉应力促进晶间变形，加速晶界破坏，而压应力阻止或减小晶间变形；同时，三向压应力有利于抑制或消除晶体中由于塑性变形而引起的各种微观破坏，而拉应力则相反，它使各种破坏发展、扩大。

⑥ 其它。塑性成形工艺中，模具和润滑对塑性的发挥也有较大影响。如模锻的模膛内应有圆角，这样可以减小金属成形时的流动阻力，避免锻件被撕裂或纤维组织被拉断而

出现裂纹。板料拉深和弯曲时，成形模具应有相应的圆角，才能保证顺利成形。润滑剂的使用可以减小金属流动时的摩擦阻力，有利于塑性成形加工。

（2）对变形抗力的影响因素

① 化学成分。金属纯度越高，变形抗力越小。对于合金，变形抗力主要取决于合金元素的原子与基体原子间相互作用的特性、原子体积的大小以及合金原子在基体中的分布等因素。

② 组织结构。组织状态不同，变形抗力不同。组织结构发生变化（相变），会导致变形抗力也发生变化。晶粒越细，同一体积内的晶界越多，变形抗力就越高（室温晶界强度高于晶内）。单相组织合金元素含量越高，晶格畸变越严重，变形抗力越大。单相组织比多相组织的变形抗力小。多相组织中第二相的性质、形状、大小、数量和分布状况对变形抗力都有影响。硬而脆的第二相在基体相晶粒内呈颗粒状弥散分布时，合金的变形抗力就高。第二相越细，分布越均匀，数量越多，变形抗力就越大。

③ 变形温度。几乎所有的金属和合金，变形抗力都随温度的升高而降低。但是当金属和合金随着温度的变化而发生物理-化学变化和相变时，会出现相反的情况，如钢在加热过程中发生的蓝脆和热脆现象。

④ 变形程度。随变形程度的增加，会产生加工硬化，使继续变形发生困难，因而变形抗力增加。当变形程度较高时，促进了回复与再结晶过程的发生与发展，变形抗力的增加变得比较缓慢。

⑤ 变形速度。一般情况下，随着变形速度的增加，变形抗力提高（特别是热变形）。一方面，变形速度提高，单位时间内的发热率增加，使变形抗力降低；另一方面，变形速度提高也缩短了变形时间，使位错运动的发展时间不足（滑移来不及进行），促使变形抗力增加。

⑥ 应力状态。应力状态不同，变形抗力不同。如挤压时金属处于三向压应力状态，拉拔时金属处于一向受拉二向受压的应力状态。挤压时的变形抗力远比拉拔时变形抗力大。

1.4.5 塑性变形对金属组织和性能的影响

（1）冷塑性变形对金属组织和性能的影响

在冷塑性成形工艺中，晶粒内部出现滑移带和孪生带，晶粒的形状随变形程度的增加，等轴晶沿变形方向逐步伸长，当变形量很大时，晶粒组织成纤维状。晶粒的位向发生改变，晶粒在变形的同时，也发生转动，使得各晶粒的取向逐渐趋于一致（择优取向），从而形成形变织构。形变织构的形成是因为金属塑性加工的材料，如经拉拔、挤压的线材或经轧制的金属板材，在塑性变形过程中常沿原子最密集的晶面发生滑移。滑移过程中，晶体连同其滑移面将发生转动，从而引起多晶体中晶粒方位出现一定程度的有序化。

① 纤维织构。

金属材料中的晶粒以某一结晶学方向平行于（或接近平行于）线轴方向的择优取向称

为纤维织构。具有纤维织构的材料围绕线轴有旋转对称性，即晶粒围绕纤维轴的所有取向的概率是相等的。如图 1.31（a）为具有丝织构的棒材（或丝材），棒材中大部分晶粒的 <100> 方向平行于丝轴（拉丝）方向。图 1.31（b）为横断面放大图，理想丝织构的情况是材料中所有晶粒的 <100> 方向均平行于丝轴（拉丝）方向。纤维织构是最简单的择优取向，因其只牵涉一个线轴方向，需要解决的结晶学问题仅为确定纤维轴的指数 <uvw>。除冷拉和挤压工艺外，有时由热浸、电沉积或蒸发形成的材料的涂覆层以及材料经氧化和腐蚀后表层所生成的产物都可能产生纤维织构。

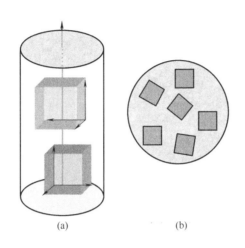

图 1.31　<100> 纤维织构

② 板织构。在轧制过程中，随着板材的厚度逐步减小，长度不断延伸，多数晶粒不仅倾向于以某一晶向 <uvw> 平行于材料的某一特定外观方向，同时还以某一晶面（hkl）平行于材料的特定外观平面（板材表面），这种类型的择优取向称为板织构，一般以（hkl）[uvw] 表示，晶粒取向的漫散程度也按两个特征来描述。例如，冷轧铝板的理想织构为（110）[$\bar{1}$12]，具有这种织构的金属还有铜、金、银、镍、铂以及一些面心立方结构的合金。多数情况下，一种冷轧板可能具有 2 种或 3 种以上的织构。冷轧变形 98.5% 的纯铁板具有（100）[011]、（112）[1$\bar{1}$0]、（111）[$\bar{1}$1$\bar{2}$] 3 种织构。图 1.32 为 {100} <110> 板织构，称之为旋转立方织构，其中图 1.31（a）为织构中晶粒与板材外形相对取向示意图，图 1.32（b）为织构中晶粒具体晶向和晶面与样品坐标的关系。

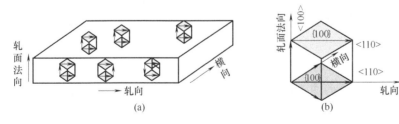

图 1.32　{100} <110> 板织构

（2）热塑性变形对金属组织和性能的影响

金属热塑性变形后，改变了金属内部的组织结构，从而改变了金属的力学性能。随着变形程度的增加，金属的强度、硬度增加，而塑性和韧性相应下降，即产生了加工硬化。热塑性变形过程中，回复、再结晶和加工硬化同时发生，加工硬化不断被回复和再结晶等软化过程所抵消，金属处于高塑性、低变形抗力的状态。

金属经热塑性变形可获得均匀细小的再结晶组织，从而获得较好的综合力学性能。铸态金属中的缺陷如疏松、空隙和微裂纹等，经过锻造后被压实，致密度得到提高，形成纤维状组织。可以使碳化物和夹杂物被击碎，并均匀分布在基体中，削弱了对基体的破坏作用。在热塑性变形中，通过枝晶破碎和扩散，可使铸态金属的偏析略有改善，铸件的力学性能得到提高。

1.5
塑性成形计算机模拟技术

1.5.1　金属塑性成形 CAE

塑性加工行业，前期处于以经验和知识为依据，以"试错"为基本方法的工艺技术阶段，塑性加工生产一般是根据市场需求，对制品进行加工工艺分析，确定成形工艺方案，同时进行模具的设计与制造，然后利用模具依照已确定的工艺规程进行生产。模具的设计与制造过程主要依赖设计人员的经验，需要经过反复的试模、修模和调整工艺参数，导致模具设计周期长、成本高，而且产品质量不容易得到保证，从而失去了市场竞争的优势。为解决上述问题，成形过程计算机模拟，即计算机辅助工程（computer-aided engineering，CAE）显得尤为重要。

塑性成形 CAE 的特点是以工程和科学问题为背景，建立计算模型并进行计算机仿真分析。一方面，CAE 技术的应用，使许多过去受条件限制无法分析的复杂问题，通过计算机数值模拟得到满意的解答；另一方面，计算机辅助分析使大量繁杂的工程分析问题简单化，使复杂的过程层次化，节省了大量的时间，避免了低水平重复的工作，使工程分析更快、更准确，在产品的设计、分析，新产品的开发等方面发挥了重要作用。同时，CAE 这一新兴的数值模拟分析技术在国外得到了迅猛发展，技术的发展又推动了许多相关的基础学科和应用科学的进步。

对于企业而言，CAE 技术的应用，能够提高产品质量，缩短新产品开发周期，降低生产成本，这有利于抢占市场先机，提高经济效益。

1.5.2　国内外 CAE 软件现状

就 CAE 技术的工业化应用而言，西方发达国家目前已经达到了实用化阶段。通过

CAE 与 CAD、CAM 等技术的结合，使企业能对现代市场产品的多样性、复杂性、可靠性、经济性等做出迅速反应，增强了企业的市场竞争能力。在许多行业中，计算机辅助分析已经作为产品设计与制造流程中不可逾越的一种强制性的工艺规范加以实施。以国外某汽车公司为例，绝大多数的汽车零部件设计都必须经过多方面的计算机仿真分析，否则根本通不过设计审查，更谈不上试制和投入生产。计算机数值模拟现在已不仅仅作为科学研究的一种手段，在生产实践中也已作为必备工具普遍应用。

随着我国科学技术现代化水平的提高，计算机辅助工程技术也在我国蓬勃发展起来。科技界和政府的主管部门已经认识到计算机辅助工程技术对提高我国科技水平，增强我国企业的市场竞争能力乃至整个国家的经济建设都具有重要意义。近年来，我国的 CAE 技术研究开发和推广应用在许多行业和领域已取得了一定的成绩。但从总体来看，研究和应用的水平还不能说很高，某些方面与发达国家相比仍存在不小的差距。从行业和地区分布方面来看，发展也还很不平衡。

目前，一些大型通用有限元分析软件已经引进我国，在汽车、航空、机械、材料等许多行业得到了应用，而且我们在某些领域的应用水平并不低。不少大型工程项目也采用了这类软件进行分析。我国已经拥有一批科技人员在从事 CAE 技术的研究和应用，取得了不少研究成果和应用经验，使我们在 CAE 技术方面紧跟着现代科学技术的发展，开发出 CAXA 等具有自己产权的 CAE 软件。但是，这些研究和应用的领域以及分布的行业和地区还很有限，现在还主要局限于少数具有较强经济实力的大型企业，部分大学和研究机构。

我国的计算机分析软件开发是一个薄弱环节，严重地制约了 CAE 技术的发展。在 CAE 分析软件开发方面，我国目前还相对落后于美国等发达国家。计算机软件是高技术和高附加值的商品，目前的国际市场被美国等发达国家所垄断。我国自己民族的软件工业还有待发展，占有的市场份额不多。一个国家，一个民族不能长期依赖于引进外国的技术和产品，因此我们必须加大力度开发自己的计算机分析软件，只有这样才能改变在技术上和经济上受制于人的局面。

1.5.3 典型软件及功能

衡量 CAE 技术水平的重要标志之一是分析软件的开发和应用。目前，一些发达国家在这方面已达到了较高的水平，仅以有限元分析软件为例，国际上不少先进的大型通用有限元计算分析软件的开发已达到较成熟的阶段并已商品化，如 DEFORM、DYNAFORM、AUTOFORM、SUPERFORGE、SUPERFORM、ANSYS、MARC、MOLDFLOW 等。这些软件具有良好的前后处理界面，静态和动态过程分析以及线性和非线性分析等多种强大的功能，都通过了各种不同行业的大量实际算例的反复验证，其解决复杂问题的能力和效率，已得到学术界和工程界的公认。

DEFORM 是一个有代表性的软件。DEFORM 是一套基于有限元分析方法的专业工艺仿真系统，用于分析金属成形及其相关的各种成形工艺和热处理工艺。二十多年来的工业实践证明了基于有限元法的 DEFORM 有着卓越的准确性和稳定性，模拟引擎在大流动、行程载荷和产品缺陷预测等方面同实际生产相符，被国际成形模拟领域公认为处于同类型模拟软件的领先地位。其中，DEFORM-3D 是在一个集成环境内综合建模、成形、热传导和成形设备特性进行模拟仿真分析。适用于热、冷、温成形，提供极有价值的工艺分析数据，如：材料流动、模具填充、锻造负荷、模具应力、晶粒流动、金属微结构和缺陷产生发展情况等。

DEFORM 不同于一般的有限元程序，是专为金属成形而设计、为工艺设计师量身定做的软件。DEFORM 可以用于模拟零件制造的全过程，从成形、热处理到机加工。DEFORM 主旨在于帮助设计人员在制造周期的早期能够检查、了解和修正潜在的问题或缺陷。DEFORM 具有非常友好的图形用户界面，可帮助用户方便地进行数据准备和成形分析。这样，工程师们便可把精力主要集中在工艺分析上，而不是去学习繁琐的计算机软件系统。

DEFORM 通过在计算机上模拟整个加工过程，帮助工程师和设计人员：

① 设计工具和产品工艺流程，减少昂贵的现场试验成本。

② 提高模具设计效率，降低生产和材料成本。

③ 缩短新产品的研究开发周期。

④ 分析现有工艺方法存在的问题，辅助找出原因和解决方法。

第2章

塑性成形过程计算机模拟

2.1 塑性成形计算机模拟软件

2.1.1 塑性成形计算机模拟

塑性成形工艺中，材料的变形规律、模具与工件之间的摩擦、材料中温度和微观组织的变化及其对制件质量的影响等，都是十分复杂的问题。这使得塑性成形工艺和模具设计缺乏系统的、精确的理论分析手段，在相当长时期内主要是依据工程师长期积累的经验。对于复杂的成形工艺和模具设计，质量难以得到保证，一些关键的成形工艺参数需要在模具制造之后，通过反复的调试、修改才能确定，这会浪费大量的人力、物力和时间。而借助计算机模拟，能使工程师在成形工艺和模具设计阶段预测成形过程中工件的变形规律、可能出现的缺陷和模具的受力状况，以较小的代价、较短的时间确定优化且可行的设计方案。因此，塑性成形过程的计算机模拟是实现模具设计智能化的关键技术之一，有助于降低产品成本、提高质量、缩短开发周期。

塑性成形计算机模拟的基本思想是利用计算机程序进行产品试模。实际成形工艺中影响产品性能的指标或参数都会影响分析结果，如材料性能、模具形状、成形速度、温度、接触状况（摩擦系数、热交换系数等），因此，这些因素在模拟分析中都需要考虑，其分析流程如图 2.1 所示。同时，一些计算科学所涉及的诸如步长、算法等问题也会在一定程度上影响分析结果。

2.1.2 塑性成形模拟的特点

金属塑性成形过程比较复杂，其模拟计算也具有自身的特点，以图 2.2 为例，主要体现在：

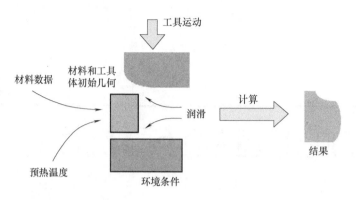

图 2.1　计算机模拟分析流程

① 塑性成形过程中，工件发生很大的塑性变形，在位移与应变的关系中存在几何非线性；在材料的本构关系中存在材料（即物理）非线性；工件与模具的接触与摩擦引起状态非线性。因此，金属塑性成形问题难以用常规计算求得精确解。

② 工件通常不是在已知的载荷下变形，而是在模具的作用下变形，而模具的型面通常是很复杂的，处理工件与复杂的模型面的接触问题增大了模拟计算的难度。

③ 塑性成形中往往伴随着温度变化，在热成形和温成形中更是如此，为了提高模拟精度，需要考虑变形分析与热分析的耦合作用。同时，塑性成形还会导致材料微观组织性能的变化，如变形织构、损伤、晶粒度等的演化，考虑这些因素也会增加模拟计算的复杂程度。

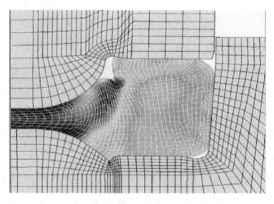

图 2.2　金属塑性成形模拟

在金属塑性成形过程的计算机模拟方面，各国学者已做了大量的研究工作。20 世纪80 年代末期以来，金属塑性成形过程的计算机模拟技术逐渐成熟并进入使用阶段。在工业发达国家，它已经成为检验模具设计的常规手段和模具设计制造流程的必经环节。实践表明，应用塑性成形过程模拟技术，能大大缩短模具开发周期，优化成形工艺和工件质量，实现并行工程，产生显著的经济效益。

2.1.3 塑性成形计算机模拟软件的模块结构

成形过程计算机仿真系统的建立，是将有限元理论、成形工艺学、计算机图形处理技术等相关理论和技术进行有机结合的过程。成形问题计算机模拟实施步骤如图2.3所示，可以看出，一般的塑性成形计算机模拟软件的模块结构是由前处理器、模拟处理器（FEM求解器）和后处理三大模块组成，其中，前处理生成计算文件，求解器进行工艺计算，后处理获得计算结果。

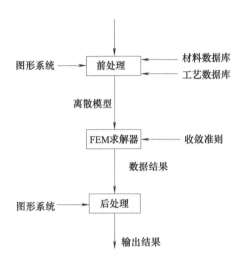

图 2.3　有限元分析的实施步骤

2.2
塑性成形模拟基本过程

与一般的计算机模拟分析类似，塑性成形计算机模拟主要包括以下几个过程：建模（即建立几何模型）、划分网格（即建立计算模型）、定义工具和边界条件、求解和后处理。

2.2.1 建立几何模型

塑性成形计算机模拟分析，都需要建立几何模型，如图2.4所示。一般的有限元计算商业软件都可以提供简单的几何造型功能，以满足简单几何形状的塑性成形计算建模需要。形状简单的模具和工件，分析人员可以利用模拟软件生成，如在 DEFORM-3D 软件中可以直接生成轧辊和坯料，DYNAFORM 软件可以利用产品预测板料毛坯，一方面它的形状简单，另一方面在工艺设计阶段毛坯的精确尺寸尚未确定，需要根据模拟结果分析。

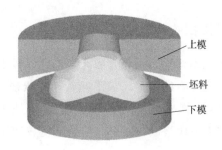

图 2.4 塑性成形模拟几何体

多数情况下，模具设计人员利用 CAD 软件设计的几何模型不能完全满足有限元分析的要求，例如，曲面有重叠、缝隙、不封闭，包含过于细长的曲面片等，如图 2.5 所示。这些问题不仅会影响有限元运算，而且，个别细小特征可能不参与变形，或者对成形工艺分析影响不大，因此，需要进行检查和修改，消除这些几何特征。原始设计中包含的一些细小特征，如小凸台、拉延筋等，也可以略去，以免在这些区域产生过多细小的单元，增加不必要的计算工作量，这个过程称为几何清理。

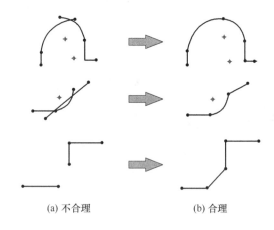

(a) 不合理　　　　　　(b) 合理

图 2.5 几何设计问题

此外，模具型面往往包含自由曲面，这些模型过于复杂，CAE 软件不能造型或者耗时太长，需要应用 CAD 系统造型，如 UGNX、CATIA、Pro/E 等。分析软件一般都具有 CAD 系统的文件接口，以便读入 CAD 系统中生成的设计结果，最常用的文件接口包括 STL、IGES 等。这些模型文件在质量及精度上能否满足塑性成形工艺计算要求，还需要模拟软件的进一步检查，如图 2.6 所示为 DEFORM-3D 软件的检查对话框。当然，有些软件还针对一些常用的 CAD 软件开发了专用接口。

2.2.2　建立计算模型

（1）模拟参数设置

模拟参数的设置，主要是为了进行有效的数值模拟。虽然成形分析是一个连续的过

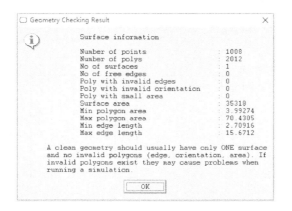

图 2.6　几何检查

程，但计算机模拟时需要分许多时间步来计算，所以需要用户定义一些基本参数。如图 2.7 所示为 DEFORM-3D 软件的计算步骤设置页面，图中显示的开始步骤为−1，模拟总步数为 100，保存到数据库的步骤数为 10，每步的步长为时间增量 0.02 秒。

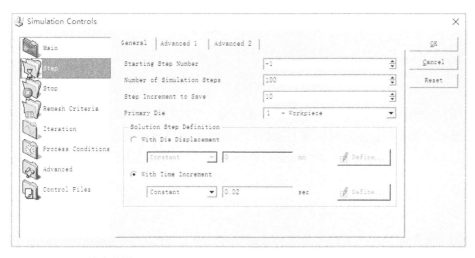

图 2.7　DEFORM-3D 的步骤设置

① 步骤设置（Step）

a. 启动步（Starting Step Number）。一般−1 为默认启动步。

b. 模拟总步数（Number of Simulation Steps）。模拟总步数，决定了模拟的总时间或位移。一般地，简单工序建议 25～75 步，典型成形工序建议 100 步，复杂工序建议 200 步以上。

c. 保存到数据库的步骤数（Step Increment to Save）。决定每多少步资料存储一次。考虑到存储量较大问题，并不建议将每个计算步骤都保存到数据库，否则存储文件可能太大。一般地，每 5～10 步存储一次比较合理，当然，此值可根据模拟中的步骤数和硬盘上可用空间大小调整。

图 2.8 为模拟步数的示意图，－1 为开始步骤，输入（input）到求解器进行计算，到保存步骤的时候，进行存储和处理（solution）。

Step Number	－1	1	2	3	4	5	6	7	8	－9	9	10
Data	INPUT					SOLUTION			SOLUTION	INPUT		SOLUTION

图 2.8　模拟步数

d. 步长：可以用时间增量（time increment）或每步的位移（die displacement）作为步长。

选用位移步长时，每个模拟步骤都可以分配一个模具位移。这种方法只适用于已知模具速度的形变（deformation）模拟。模拟的总步数可以通过总步长（位移）和每步位移计算获得。例如：

$$
\begin{aligned}
&\sharp 模拟总步数 = 100 \\
&总步长（位移） = 1.5\text{in} \\
&每步位移 = \frac{1.5\text{in}}{100\text{steps}} = 0.015\ \frac{\text{in}}{\text{step}}
\end{aligned}
\tag{2-1}
$$

选用时间步长时，需要对每个模拟步骤分配一个时间增量。这种方法适用于任何类型的工序模拟。模拟的总步数可以通过总步长（时间）和每步时间计算获得。例如：

$$
\begin{aligned}
&\sharp 模拟总步数 = 100 \\
&总步长（时间） = 2\text{seconds} \\
&每步时间 = \frac{2\text{sec}}{100\text{steps}} = 0.02\ \frac{\text{seconds}}{\text{step}}
\end{aligned}
\tag{2-2}
$$

如图 2.9 所示为小步长和大步长的求解精度示意。显然，采用较小的步长可以提高求解精度，但代价是会大幅提高计算时间和数据存储量。

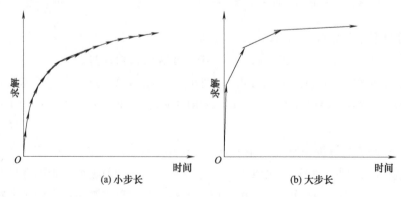

图 2.9　步长与精度的关系

② 子步（Substepping）。每一个步骤里面可以根据需要设置子步，子步的阈值可以是最大应变或者接触时间等。例如，基于应变的子步将限制时间步的大小，以防止在一个步骤中过度形变，如果用户定义的时间步太大，子步控件将把该步骤细分为多个步骤。设置过程中，最大应变值一般取 0.025～0.25 之间。DEFORM-3D 软件的子步设置界面如图 2.10 所示。

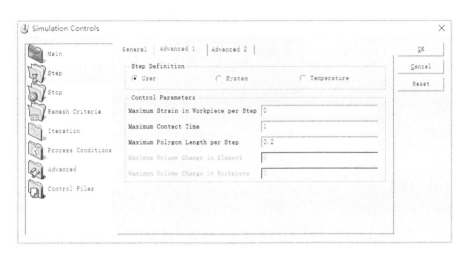

图 2.10　DEFORM-3D 子步设置

③ 模拟停止控制（Stop）。在步骤设置过程中，可以通过设置停止条件使计算过程在用户需要的时候停止。如图 2.11 所示为 DEFORM-3D 的停止条件设置界面。

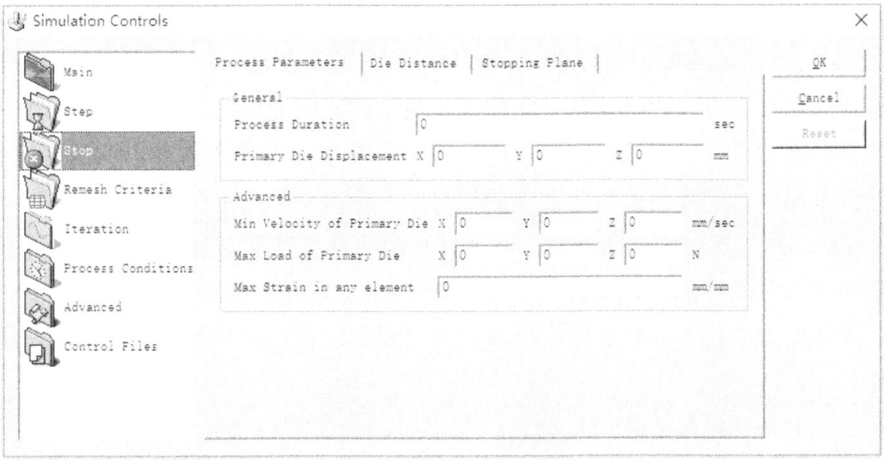

图 2.11　DEFORM-3D 的停止条件设置

停止条件可以通过设置工艺时间（Process Duration）、首要模具位移（Primary Die Displacement）、首要模具的最小速度（Minimum Velocity of Primary Die）、首要模具最大载荷（Maximum Load of Primary Die）、任意单元上的最大应变值（Max Strain in any element）、模具距离等参数实现。图 2.12 所示为齿轮托架终锻成形在 100t 载荷停止条件下的分析结果，根据零件的对称性，图中仅示意了 1/16 齿轮托架（半齿）的计算结果。

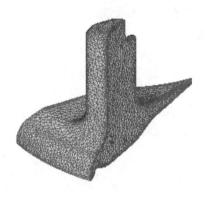

图 2.12　齿轮托架终锻成形

（2）基本属性

塑性成形计算机模拟设置中，物体基本属性主要是指基本性质、温度、材料等。用户可以根据分析的需要，输入材料的弹性、塑性、热处理性能数据等参数，如果需要分析热处理工艺，还可以输入材料的每一种相的相关数据以及硬化、扩散等参数。为便于用户模拟塑性成形工艺，一般有限元软件都提供了材料库，例如 DEFORM-3D 软件中提供了多种材料模型，每一种材料数据都与温度等变量相关，并给出了包括碳钢、合金钢、铝合金、钛合金、铜合金等上百种材料的塑性性能数据。

鉴于问题解析的复杂性，通常在塑性理论中对材料进行简化，图 2.13 是几种理想材料模型的应力应变关系。

图 2.13（a）为线弹性材料模型，这种材料加卸载后变形可以完全恢复，弹性模量用于衡量材料的变形能力。线弹性材料本构关系服从广义胡克定律，即应力应变在加卸载时呈线性关系，卸载后材料无残余应变。此外，不会发生变形的刚体可以认为是刚性材料，这种材料可以理解为是弹性模量非常大的材料，工程实际中并不存在。

图 2.13（b）为理想刚塑性模型，这种材料的特点是完全忽略弹性变形，不考虑加工硬化和变形抗力对变形速度的敏感性，假定材料不可压缩，其应力应变关系为一水平直线，只要等效应力达到某一恒定值，材料便发生屈服，在材料变形过程中，其屈服应力不发生变化。

事实上，很多材料属于弹塑性材料，变形初期发生弹性变形，当应力达到屈服极限时，发生塑性变形。如图 2.13（c）为理想弹塑性模型，这种模型忽略材料的强化作用，认为在应力达到屈服点以前完全服从胡克定律，屈服以后应力值不再增加，应变值可无限增加。

图 2.14 为线性强化模型，其中，图 2.14（a）为线性强化刚塑性模型，在研究塑性变形时，不考虑塑性变形之前的弹性变形，但需要考虑变形过程中的加工硬化，在塑性阶段屈服应力与变形成线性增加；图 2.14（b）为线性强化弹塑性模型，考虑材料的弹性

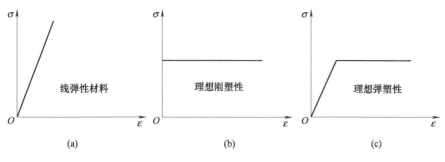

图 2.13 理想材料模型

变形。

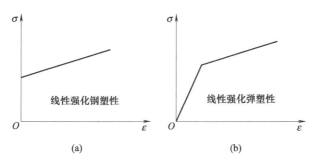

图 2.14 线性强化模型

事实上，在很多材料模型中，强化并非符合线性规律，如图 2.15 所示。

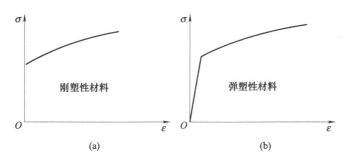

图 2.15 非线性强化模型

在塑性成形计算机模拟软件中，可将材料定义为刚性（rigid）、塑性（plastic）、弹性（elastic）、弹塑性（elasto-plastic）等，还可以以表格形式输入流动应力数据，或者输入各种流动应力模型的常量。

功能强的分析软件提供的材料模型种类较多，用户可以根据计算问题的主要特点、精度要求和可得到的材料参数选择合适的模型，输入有关参数。例如，对于各向异性较强的板材的冲压成形，应选用塑性各向异性材料模型；对于热锻问题，应选用黏塑性模型，为了提高计算精度，还可以考虑选用材料参数随温度变化的模型；为了预测冷锻等成形过程中工件的内部裂纹，可以采用损伤模型等等。越是复杂的模型，其计算精度越高，但计算量也越大，同时，所需输入的材料参数也越多。一般而言，材料的物理性能和弹性性能参数，如密度、热容、弹性模量、泊松比等，对于材料成分和组织结构小的变化不太敏感，精度要求不特别高时，可以参照类似材料的参数给定。但是，材料的塑性性能是敏感于结构的，与材料的成分、组织结构、热处理状态以及加工历史等都有密切关系，需要通过试验测定。

（3）几何输入

在塑性成形计算机模拟过程中，为了准确进行工艺计算以及对结果进行评估，计算模型中工件和模具的几何需要定义，如图 2.16 所示。DEFORM-3D 软件中，很多复杂模型很难直接建立三维的几何模型，必须通过其他 CAD/CAE 软件建模后导入到系统中。

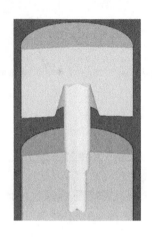

图 2.16　计算模型

目前，DEFORM-3D 的几何模型输入接口格式主要包括：

① STL：几乎所有 CAD 软件都有这个接口，它是通过一系列的三角形拟合曲面而成。

② GEO：这种格式 DEFORM 存储已经导入的几何实体。

③ PDA：MSC 公司的软件 Patran 的三维实体造型及有限元网格文件格式。

④ NAS：MSC 公司的软件 Nastran 的三维实体造型及有限元网格文件格式。

⑤ UNV：IDEAS 的三维实体造型及有限元网格文件格式。

⑥ IGS：IGS 是一种三维的数模，可以用数模软件打开，例如 UG、SolidWorks、CATIA、Pro-E 等。IGS 是根据 IGES 标准生成的文件，主要用于不同三维软件系统的文件转换。

（4）网格划分

在塑性有限元仿真中，必须为工件定义网格，对非等温、模具应力分析和传热问题，还需要为模具定义网格。计算机计算一般采用有限元法，有限元的核心思想是结构的离散化，是将实际结构假想地离散为有限数目的单元组合体，实际结构的物理性能可以通过对离散体进行分析，得到满足工程精度的近似结果，这样可以解决很多实际工程需要解决而理论分析又无法解决的复杂问题。

① 网格质量。所有的有限元数值计算分析都是离散的网格通过节点进行力和能量的传递，因此，网格的划分是基础。网格划分最基本的条件是材料和模具划分网格以后，应该可以充分体现原来的特征。以图 2.17 为例，图 2.17（a）所示的网格较粗，圆角部位不能体现工件特点，计算过程和结果更接近于倒斜角，与实际工艺严重不符；图 2.17（b）所示的网格细化后，更能反映工件特征，计算结果也更接近实际工艺。

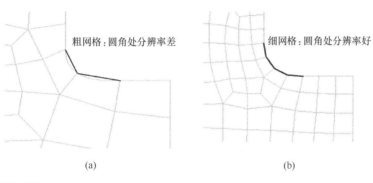

图 2.17　不同网格对比

网格变量是在网格中心计算的，在陡峭的梯度区域，峰值随粗元素而丢失。图 2.18 为粗大网格与细密网格的误差对比。

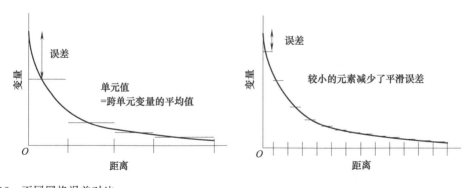

图 2.18　不同网格误差对比

图 2.19 为某挤压产品成形工艺计算机模拟，图 2.20 和图 2.21 分别为该工艺采用不同网格进行成形计算的结果。可以明显看出，前者由于网格较少，圆角部分显示不光顺，并不能反映实际状况，而后者获得的有限元分析结果更真实可靠。

此外，细密网格在温度和其它场变量数据中也能提供更好的分辨率。图 2.22（a）和（b）分别为不同网格质量对应的热传导温度分布。显然，图 2.22（b）分析结果中各节点

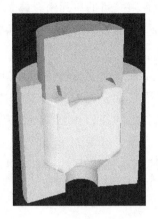

图 2.19　挤压产品成形计算机模拟

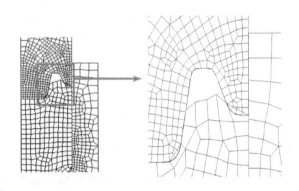

图 2.20　曲面分辨率差

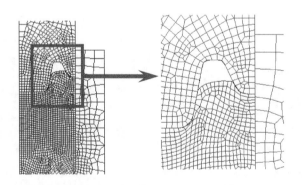

图 2.21　曲面分辨率好

和网格的温度更精确。

　　② 体积补偿及网格重划分。塑性成形计算机模拟中，体积补偿的目的是防止划分单元造成的体积损失。例如，图 2.23 所示的对一个圆柱体进行初始网格划分时，灰色区域就是丢失的体积。

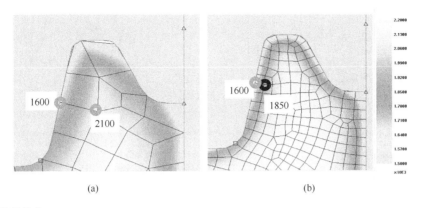

图 2.22 温度分布

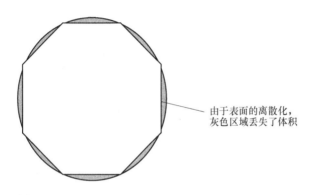

由于表面的离散化,
灰色区域丢失了体积

图 2.23 网格划分体积丢失

计算机模拟变形时,网格可能变得高度扭曲,并使算法不收敛,需要进行网格重划分。每次重划分时,需要将"旧"网格中的数据"插入"到"新"网格中,如图 2.24 所示。此过程中总是存在一些错误,这就需要采用更精细的网格使错误最小化,如图 2.25 所示。同时,网格重划分也会产生体积损失,如图 2.26 所示。

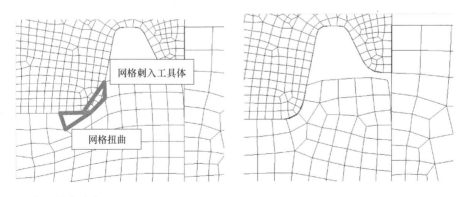

图 2.24 网格重划分需求

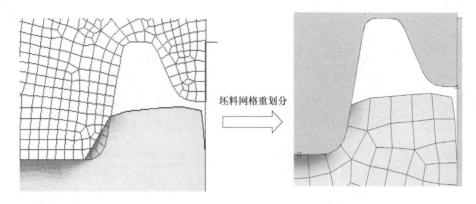

坯料网格重划分

图 2.25　网格重划分过程

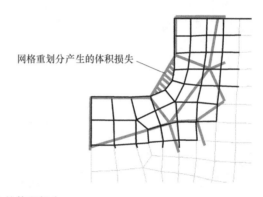

网格重划分产生的体积损失

图 2.26　网格重划分产生的体积损失

　　在网格划分和重划分过程中，保持工件形状和体积非常重要。网格划分具有以下规律：a. 在曲面区域保持较细的网格，可以限制初始网格化和重划分过程中的体积损失；b. 在极端情况下，过粗的网格会导致网格生成失败，比如对板料进行网格划分；c. 在典型工艺中，针对局部区域的大变形，往往需要多次重划分。

　　③ 网格生成及控制。a. 网格数量。为了提高模拟的效果，网格划分当然是越多越好，但这是以牺牲效率为代价的。兼顾到计算时间和效率问题，需要结合具体工艺对网格质量进行适当控制。如图 2.27 所示产品在当时计算机计算水平下不同网格数量对应的计算时间，可见，随着网格数量的增多，计算时间呈数倍增长。

　　网格划分方法可以分为相对（Relative）划分和绝对（Absolute）划分。其中，相对划分是指定网格数量和尺寸比率，网格的大小由系统自动计算；而绝对划分是指定最大或最小网格尺寸，网格数量由系统自动计算。最基本的网格质量控制方法是合理地设置尺寸比率（Size Ratio），推荐值为 1～3。如图 2.28 为 DEFORM-3D 软件的网格数量控制界面。当尺寸比率为 1 时，网格比较均匀。

　　网格数量设置需要兼顾计算精度和计算能力。一般情况下，需要对变形较大的区域或者特别感兴趣的区域进行细化，如图 2.29 所示。

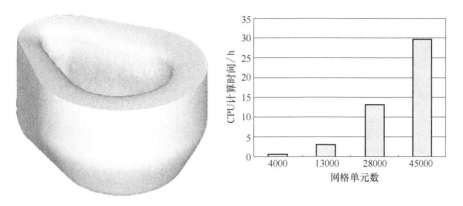

图 2.27　计算机模拟产品

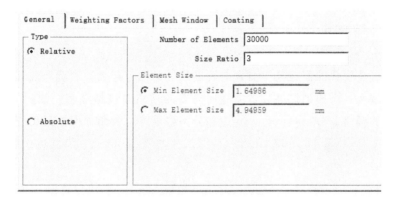

图 2.28　网格数量控制

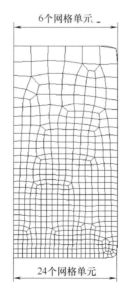

图 2.29　网格区域控制

b. 网格质量控制。除了尺寸比率外，对网格质量的控制还可以通过设置权重因子和网格密度窗口实现。一般情况下，可以根据表面曲率、温度、应变、应变率以及自定义区域的相对重要性分配加权系数。如图 2.30 所示为 DEFORM-3D 权重因子控制界面。

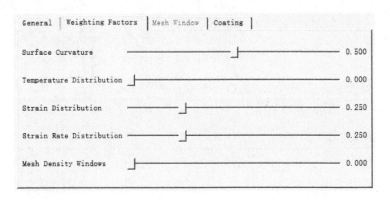

图 2.30　权重因子控制界面

　　曲率是度量曲线或曲面在某一点弯曲程度的量。曲率越大，表示弯曲程度越大。一般情况下，曲率越大，需要把该处表达清楚所需要的网格应该越细密。如图 2.31 所示为考虑了曲率权重的网格划分，很明显，直边部分网格最稀，尖角处网格最细密。

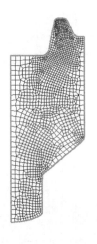

图 2.31　考虑曲率权重的网格

　　应变表示长度的相对变化量，反应变形的程度。图 2.32 所示为考虑了应变加权的网格划分，由于应变是伴随成形过程而产生的，因此应变加权一般应用于网格重划分过程。
　　应变率是应变相对于时间的变化率，亦即应变相对于时间的导数，是对材料变形速度的一种度量。图 2.33 所示为考虑应变率加权重划分生成的网格。
　　网格局部细化最直接的方法是设置网格密度窗口，对窗口内部的网格尺寸和质量进行单独控制。如图 2.34 所示，工件上部成形工艺更复杂，因此，利用窗口单独细化上部网格，以控制网格质量。

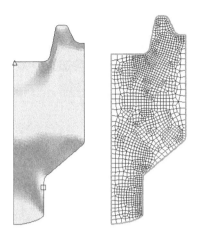

图 2.32　考虑应变权重的网格

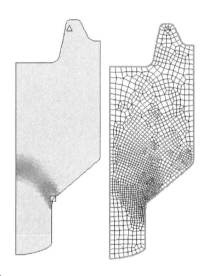

图 2.33　考虑应变率权重的网格

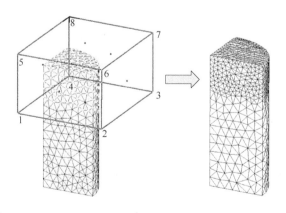

图 2.34　网格窗口细化

以齿轮托架从预锻到最终成形的数值模拟为例，考虑到结构的对称性及计算效率，选用半齿即 1/12 模型进行计算，如图 2.35 所示。不同网格划分结果如图 2.36 所示，其中，图 2.36 （a）为自动划分网格，图 2.36 （b）为局部窗口细化网格，二者在细节上有一定差别。

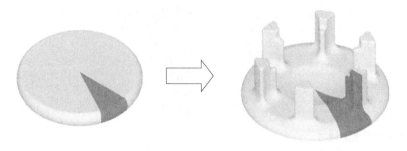

图 2.35　分析模型

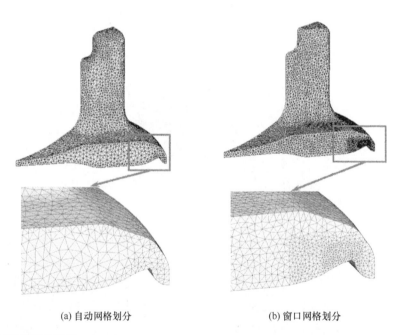

(a) 自动网格划分　　　　　　　　(b) 窗口网格划分

图 2.36　不同网格划分结果

（5）工具运动参数

变形速度、工具运动方式等对金属的塑性和变形抗力有重要影响。工具的运动方式主要有直线运动和旋转运动两种，而在直线运动的设置方面，软件一般都集成了成形设备模型，可以设置设备的速度或者载荷，也可以直接设置为锤、机械压力机、螺旋压力机、液压机等。

① 速度（Speed）。塑性成形模拟中，速度可以定义为常数，也可以是时间或位移的

函数，又或是与另一个物体的速度成比例的函数。当物体是刚体时，整个物体将会以指定的速度运动；当物体是变形体（弹性的、塑性的或是多孔）时，可以对每个节点进行速度运动边界条件设置。图 2.37 为 DEFORM-3D 软件的速度设置界面。

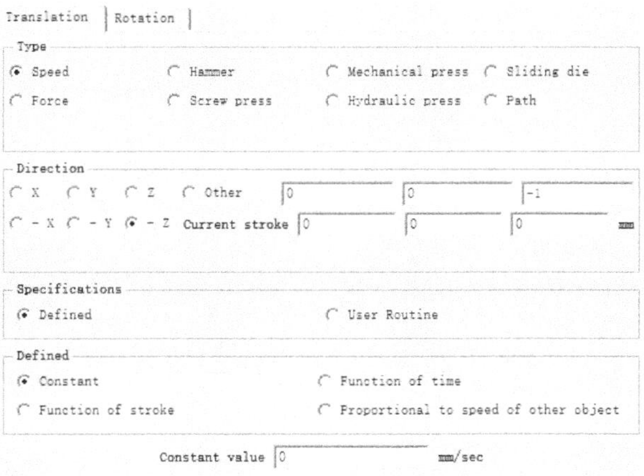

图 2.37　速度设置

② 锤（Hammer）。锻锤是由重锤落下或加工外力使其高速运动产生动能并对坯料做功使其发生塑性变形的机械。锻锤是最常见、历史最悠久的锻压机械，它结构简单，工艺适应性好，易于维修，是目前主要的锻造生产设备。按照用途分类，锻锤可以分为自由锻锤、模锻锤等；按照原理分类，锻锤可以分为空气锤（蒸汽锤）、对击锤、电液锤等。其中，空气锤振动大、噪声高，因此主要应用于中、小吨位锻压，而大吨位锻压多数采用对击锤、电液锤等。

冲压过程中，当模具与坯料接触时，变形将会持续进行直到总动能随着坯料包括工具的变形而耗尽。锤锻是在极短时间内将落下部分在行程中积蓄的能量施加到锻件上使其变形的加工方法，因此锻锤是一个定能量设备。对锤类设备的参数设置，主要包括能量（Energy）、质量（Mass）、效率（Efficiency），如图 2.38 所示为 DEFORM-3D 软件的锤类设备设置界面。

在锤锻过程中，冲压件的动能仅部分被用于塑性变形，其余的能量通过铁砧和机架流失。打击效率 ηB 定义为：

$$\eta B = W_U / E_T \tag{2-3}$$

式中，W_U 为工件的塑性变形消耗的能量，E_T 为撞锤的总动能。

锻锤的打击过程分为两个阶段。第一阶段为加载阶段，打击开始时锤头的速度为 V_1，砧座的速度 $V_2 = 0$。此过程中，随着砧块（或模具）彼此接近而使锻件成形，结束时，锤头和砧座达到一致的下沉速度 V，此时锻件变形最大，砧座及基础下沉，落下部件的动能转化为锻件的塑性变形能、锤击系统内部的弹性变形能和系统运动的动能。第二阶段为卸载阶段，上一阶段末锤击系统所具有的弹性变形能在此阶段释放，导致打击终了后锤头和砧座或上下锤头的反向分离，其速度分别达到 U_1 和 U_2，此时二者开始分离。有砧座锤

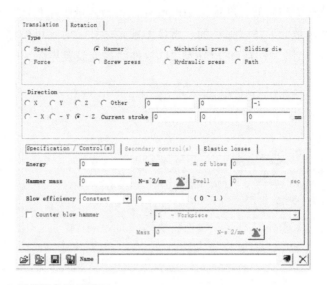

图 2.38　DEFORM-3D 锤类设备设置界面

时砧座以 U_2 的初速度打击基础，严重的地面冲击振动由此产生，无砧座锤时上、下锤头是在空中堆积，地面上基本上无冲击振动。

锻锤主要有铁砧式锤、对击锻锤两种类型，各自对应的锤锻过程和假设如下：

在铁砧式锤中，工件与下模座一起放在固定的铁砧上。在一个简单的重力滑块中，滑块通过重力加速并积累能量。因此，冲击能量 E_T 的计算式为：

$$E_T = m_T g H \tag{2-4}$$

式中，m_T 为滑块质量，g 为重力加速度，H 为滑块下落高度。

在动力滑块中，除重力外，蒸汽、冷风或热风的压力也会使滑块加速，总冲击能量公式为：

$$E_T = (m_T g + p_m A) H \tag{2-5}$$

式中，m_T 为锤头的密度，g 为重力加速度，p_m 是指活塞受到的蒸汽、油或空气的压力，A 为活塞面积，H 为滑块下落高度。

滑块速度 V_T 的计算方程为：

$$V_T = \sqrt{\frac{2E_T}{m_T}} \tag{2-6}$$

式中，V_T 为滑块速度，E_T 为冲击能量，m_T 为锤头的密度。

短时间增量 Δt 中塑性变形能的计算公式为：

$$\Delta E_D = L_T \Delta s \tag{2-7}$$

式中，ΔE_D 为工件在滑块移动过程中所消耗的能量，L_T 是滑块的变形载荷，Δs 为滑块在 Δt 时间内移动的距离。时间增量 Δt 后，冲击能量调整为：

$$E_T(t + \Delta t) = E_T(t) - \frac{\Delta E_D}{h_B} \tag{2-8}$$

式中，E_T 为冲击能量，Δt 为时间增量，ΔE_D 为工件在滑块移动过程中所消耗的能量，计算小时间增量的塑性变形能，这种调整考虑了弹性能量损失。重复模拟直到冲击能量 E_T 为零。

对击锻锤是通过指定一个模具的对击锻锤复选框来定义的，如图 2.39 所示。总能量应定义为第一个模具（通常是主模具）。每个模具的质量应分配给相应的模具。

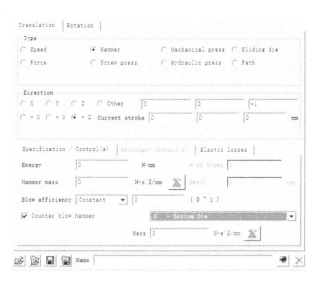

图 2.39　DEFORM-3D 锤类设备设置界面（对击锻锤）

假设冲量是在对击锻锤的模具之间匹配的，也就是说，$M_1V_1 = M_2V_2$，其中 M 和 V 分别对应两个模具的质量和速度。变形会自动在两个模具之间分割能量，并计算每个模具的速度。

在塑性成形计算机模拟过程中：

锤类设备的势能 $\qquad\qquad P.E. = mgh$ $\qquad\qquad$ (2-9)

式中，m 为锤头质量，g 为重力加速度，h 为滑块下落高度。

动能 $\qquad\qquad K.E. = \dfrac{1}{2}mv^2$ $\qquad\qquad$ (2-10)

式中，m 为锤头质量，v 为锤头速度。

在锤锻的开始时间步

$$E = \frac{1}{2}mv^2 \qquad\qquad (2\text{-}11)$$

一个时间步的形变效应：变形损失的能量 $= \dfrac{\text{载荷} \times \text{位移}}{\text{效率}}$ $\qquad$ (2-12)

时间步尾：　能量 = 原始能量 - 形变损失能量 $= \dfrac{1}{2}mv^2 - \dfrac{\text{载荷} \times \text{位移}}{\text{效率}}$ $\qquad$ (2-13)

$$\text{新速度} = \sqrt{v^2 - \frac{2 \times \text{载荷} \times \text{位移}}{\text{效率} \times m}} \qquad\qquad (2\text{-}14)$$

当能量耗尽时，模具运动速度达到 0。

③ 机械压力机（Mechanical Press）。曲柄压力机是典型的机械压力机，它通过曲柄滑块机构将电动机的旋转运动转换为滑块的直线往复运动，从而实现对坯料的成形加工，其工作传动原理如图 2.40 所示。机械压力机动作平稳、工作可靠，广泛用于冲压、挤压、模锻和粉末冶金等工艺。

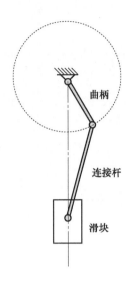

图 2.40　曲柄压力机传动工作原理

对于机械压力机，一般假设能量和功率是无限的，滑块在上止点（TDC）和下止点（BDC）速度均为 0。速度曲线可通过总行程和循环/单位时间定义。图 2.41 为机械压力机速度/行程曲线。

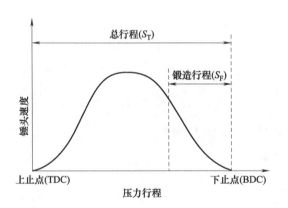

图 2.41　机械压力机速度/行程曲线

塑性成形的实际行程曲线需要确定锻造行程（S_F），用于推算出模具在速度/行程曲线的具体位置。模拟计算中进行机械压力机参数设置时，需要输入总行程（Total stroke），即 S_{max}（停止控制）$= S_T$，设置周期/单位时间，设置锻造行程 S_F，从而将起始速度"偏移"到速度曲线的正确位置。

DEFORM可以计算出模具在行进过程中任一时刻的速度。

模具速度的推导公式为：

$$V = 2\pi S'D_{\text{cur}}\sqrt{\frac{D_{\text{tot}}}{D_{\text{cur}}} - 1} \qquad (2\text{-}15)$$

式中，V为模具速度，S'为单位时间内的击打次数，D_{cur}为当前位移量，D_{tot}为从上止点到下止点的模具总位移。

图2.42为DEFORM-3D软件机械压力机参数设置界面。

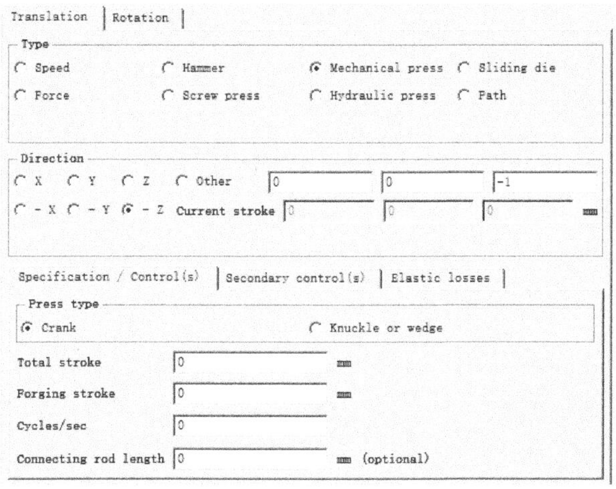

图2.42　DEFORM-3D软件机械压力机参数设置

④ 载荷（Force）。成形运动参数可以根据已知载荷设置，载荷可以是常数，也可以是时间或者位移的函数。当物体为刚性时，载荷是指所有与之接触的非刚性物体所施加的合力；当物体是弹性、塑性或多孔时，载荷是指定义了运动边界条件的所有节点载荷之和。

图2.43为DEFORM-3D软件载荷参数设置界面。

⑤ 螺旋压力机（Screw press）。螺旋压力机是指通过使一组以上的外螺栓与内螺栓在框架内旋转产生加压力形式的压力机械的总称，是基于能量的塑性成形设备。螺旋压力机的独特之处在于驱动方式，其通过连接到螺旋主轴上的飞轮，在与工件接触时，飞轮和滑块的全部动能转化为有用功和损耗。其中，有用功是指对工件所做的功，损耗是指对工件和结构框架的弹性变形功和摩擦。

图2.44为DEFORM-3D软件螺旋压力机设置界面。

螺杆压力机驱动工具运行所需的参数如下。

能量（Energy）：冲击能量是衡量飞轮在达到所需速度并在与离合器接合之前所包含的总能量。

冲击效率（Blow efficiency）：冲击效率表示转换为变形能的能量占总能量的比例。其

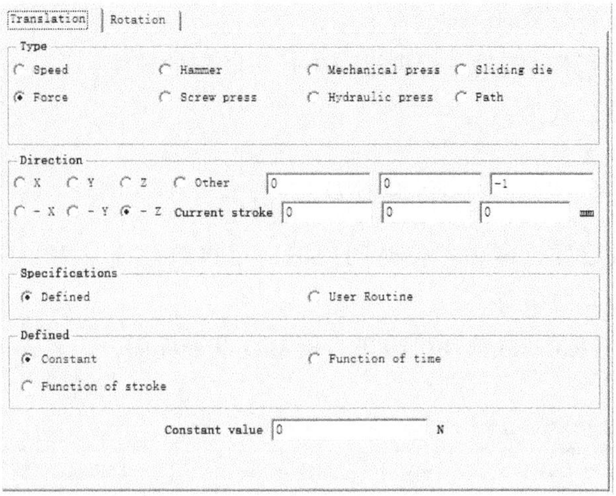

图 2.43 载荷设置界面

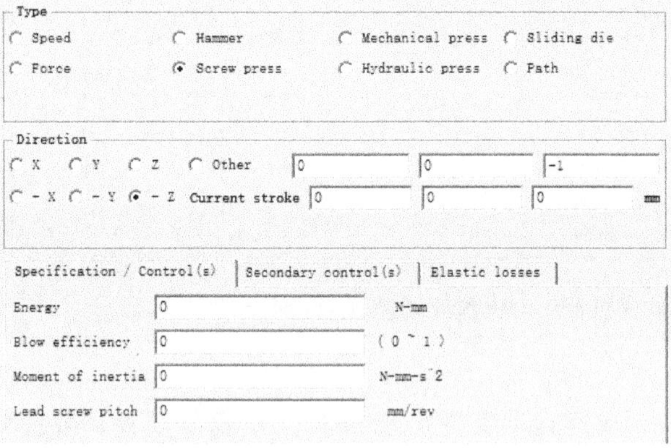

图 2.44 螺旋压力机设置

余的能量通过离合器机构、摩擦和机架被吸收。

转动惯量（Moment of inertia）：指飞轮的惯性矩。垂直于中心的 z 轴圆盘的质量惯性矩为 $I=2ET/\omega^2$，其中 ET 为飞轮的总能量，ω 为角速度。

滑块位移或丝杠间距（Lead screw pitch）：滑块位移每转一圈时丝杠前进的距离，据此可确定滑块的线速度。只要主轴的节距角和直径已知，就可以用 $\pi d\sin(\theta t)$ 计算滑块的位移，其中 d 为主轴的直径，θt 为主轴的节距角。

螺旋压力机速度计算方法与锤类设备相同，不同之处在于螺旋压力机的动能用旋转动能和引线螺距来将旋转能量转化为平移运动。

动能：
$$K.E.=\frac{1}{2}I\omega^2 \tag{2-16}$$

ω 为角速度，在时间步内动能耗尽。

一个时间步长的变形能量损失

$$变形损失的能量 = \frac{载荷 \times 位移}{效率} \tag{2-17}$$

结束时，

$$能量 = 原始能量 - 形变损失能量 \tag{2-18}$$

当能量耗尽时，模具运动速度达到 0，模拟停止。由于螺旋压力机通常只需一击，因此恢复能量的时间要比锤类设备大得多。

⑥ 液压机（Hydraulic press）。液压机是一种以液体为工作介质，根据帕斯卡原理制成的用于传递能量以实现各种工艺的机器。这种机器常用于锻压、冲压、冷挤、校直、弯曲、翻边、薄板拉深等成形工艺。按照传递压强的液体种类，液压机分为油压机和水压机两大类。

液压机的载荷和速度受液压系统限制，液压机在零速度下的最大力为 $P \times A$，其中 P 为液压系统压力，A 为总冲压面积。由流体在液压系统中的流动决定的零力下的最大速度。液压设备的载荷与速度曲线如图 2.45 所示。

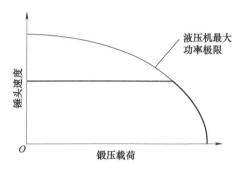

图 2.45　液压机载荷速度曲线

液压机模型为用户提供了速度控制、平均应变速率控制两种控制方式，图 2.46 为 DEFORM-3D 软件液压机参数设置界面。液压速度可以设置为常数、时间或冲程的函数，

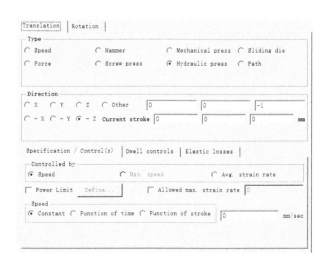

图 2.46　液压机设置界面

如需激活最大速度控制，必须定义功率限制。平均应变速率控制也可以用于定义冲压速度，此时需要提供初始钢坯高度。此外，还可以定义允许的最大应变速率，这将防止速度加大后最大应变速率超过阈值。

（6）边界条件

计算机模拟计算实质上就是解微分方程，而方程要有定解，就需要引入附加条件，这些附加条件称为定解条件。定解条件的形式很多，下面只介绍最常见的初始条件和边界条件两种。

塑性成形有限元仿真，边界条件包括与环境的传热、速度边界条件、对称边界条件等。模拟时，可以利用这些边界条件简化模型，也可以利用旋转对称或者平面情况将模型简化为二维问题，如图 2.47 所示。

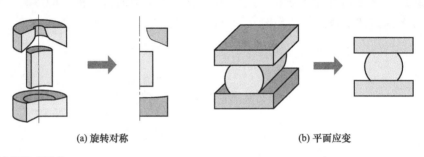

(a) 旋转对称　　　　　　　　　　　　　(b) 平面应变

图 2.47　计算模型简化

在三维模拟中，也可以利用其结构对称简化模型，如图 2.48 所示为面对称和旋转对称的实例。

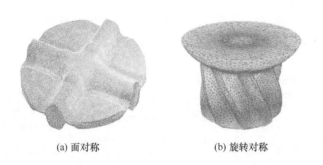

(a) 面对称　　　　　　　　(b) 旋转对称

图 2.48　3D 对称

图 2.49 为轴对称图形的对称边界条件。轴对称问题中，因旋转轴的速度为零，所以在旋转轴上不可能发生任何物质流动，最常用的边界条件包括 x、y、z 方向的速度，x、y、z 方向的力，热传导面，节点温度，位移等。

图 2.50 为道钉成形的正交对称边界条件，该计算模型是结合工件的对称特征，在模拟时只建立了 1/4 模型进行分析，其边界条件设置为两个对称面上节点速度均为零，即 $V_x=0$ 和 $V_y=0$，成形时材料流动不会穿越对称面。

图 2.49　轴对称图形对称边界条件

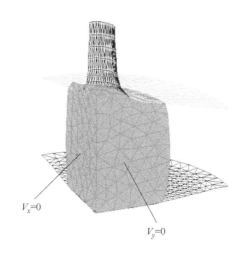

图 2.50　正交对称边界条件

图 2.51（a）、（b）为方形环成形工艺，图 2.51（c）为相应边界条件设置。此分析中，除了需要设置正交对称面，还需要设置非正交对称面。对称性模拟的原理是在对称面两边受到的力是完全对称的，面上节点只可能在对称面上运动，判断的标准是经过镜像或者多次镜像后能够将模型制作出来。同时，需要注意的是，除了坯料对称，上下模具也存

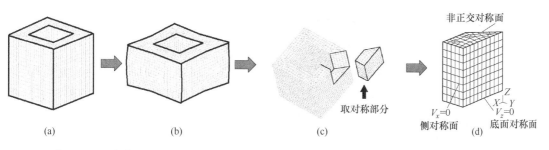

（a）　　　　　　　（b）　　　　　　　（c）　　　　　　　（d）

图 2.51　方形环边界条件设置

在相应对称关系。

模拟分析时，应尽可能利用对称关系，这既可以节省计算时间，也有助于增加分析结果的准确性。例如，前述方形环成形工艺中，几何模型的 1/16 完全可以代表环的整体变形，如图 2.51（d）所示。当然，在设置对称边界条件后，也同时排除了失稳现象的产生。

图 2.52 为 DEFORM-3D 软件边界条件设置界面。

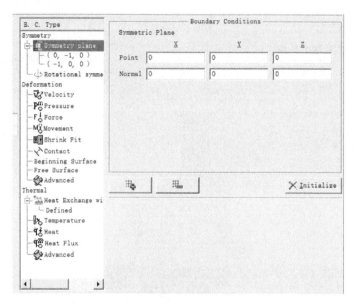

图 2.52　边界条件设置界面

（7）定义接触关系

定义接触关系包括物体的主-从关系（alave-master），一般情况下，软的物体设为从（slave），分析时需要更为细密的网格；硬的物体设为主（master），分析时可以不划分网格或者进行网格粗画。对于图 2.53 所示的较为常见的塑性成形分析有限元模型，上模和下模一般为刚性，坯料为塑性，接触关系定义为上模与坯料的主-从、下模与坯料的主-从关系。如需要对上模进行考察，上模也可以设置为弹性体，相应地，会增加一个刚性凸模与可形变上模之间的主-从关系。

对于有些塑性成形模拟，还需要设置发生形变坯料的网格自接触关系，如图 2.54 所示的切削分析。

为了更快地使模具和坯料接触，需要将它们干涉，产生一个初步接触量。此操作后，互相接触的物体，主-从之间会自动发生干涉并互相嵌入，从而更快地进入接触状态，节省计算时间。

此外，还需要定义摩擦接触的关系、摩擦系数、摩擦方式以及物体间和物体与环境的传热系数。常见的摩擦类型包括剪切（shear）摩擦和库伦（coulomb）摩擦模型。

① 剪切摩擦模型。剪切摩擦模型为：

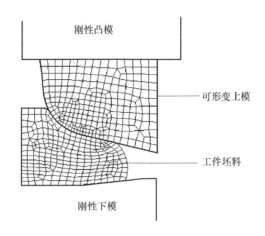

刚性凸模

可形变上模

工件坯料

刚性下模

图 2.53　接触关系

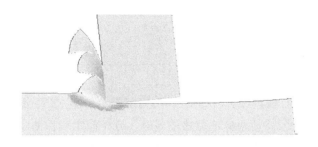

图 2.54　切削分析

$$f_s = mk \qquad\qquad (2\text{-}19)$$

式中，f_s 为摩擦应力；k 为剪切屈服极限，$k = \dfrac{\bar{\sigma}}{\sqrt{3}}$；$m$ 为摩擦系数，$0 \leqslant m \leqslant 1$。对于具体的成形工艺，摩擦系数可以是函数形式，也可以是常数，对冷成形工艺推荐 0.08~0.1，温成形工艺推荐 0.2，有润滑的热成形推荐 0.3，无润滑表面推荐使用 0.7~0.9。

式（2-19）适用于与模具接触的塑性变形区部分，如图 2.55 所示为剪切摩擦曲线。

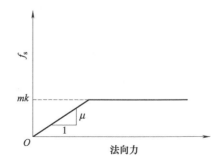

图 2.55　剪切摩擦曲线

② 库伦摩擦模型。库伦摩擦模型为：

$$f_s = \mu p \qquad\qquad (2\text{-}20)$$

式中，f_s 为摩擦力，p 为两个物体之间正压力，μ 为摩擦系数。

可见，摩擦力与作用在摩擦面上的正压力成正比，与外表的接触面积无关。这实际上就是阿蒙东定律，也就是通常所说的静摩擦定律和滑动摩擦定律。滑动摩擦力与滑动速度大小无关。如图 2.56 为库伦摩擦模型曲线。

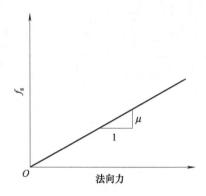

图 2.56　库伦摩擦模型曲线

式（2-20）适用于与模具接触的相对滑动速度较慢的刚性区部分，所求出的摩擦应力应小于等于剪切屈服极限。使用库伦摩擦模型时，可先假定一种摩擦力分布模式，由此计算出相应的正压力，并由计算出的正压力给出新的摩擦力分布。重复以上过程，反复迭代直到前后两次迭代得出的摩擦力分布基本一致为止。

实验表明，当法向应力不大的时候可采用库伦摩擦模型。当法向力或法向应力太大时库伦摩擦同实际结果有较大的误差，此时应采用基于切应力的摩擦模型。冷挤压工艺是塑性成形工艺中模具受力状况恶劣的一种工艺，应采用剪切摩擦模型，而对于存在分流面的塑性成形工艺模拟，还需要采用修正的剪切摩擦模型。

③ 传热系数。热塑性成形计算模拟过程中，坯料与模具、坯料和环境、模具和环境之间都存在传热关系，如图 2.57 所示。热分析中的边界条件包括环境温度、表面换热系数等。对于多个接触物体（变形）的非等温或传热型问题，需要定义传热系数。

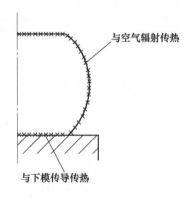

图 2.57　热边界条件

2.2.3 求解

在体积成形模拟中，如果主要关心成形过程中工件的变形情况，可采用刚塑性有限元法，以减少计算量；如果需要考虑工件卸载后的残余应力分布，可采用弹塑性有限元法，求解过程一般不需要用户干预。

塑性成形工艺计算仿真的过程就是计算机试模过程，需要对零件划分的网格进行运算。图 2.58 为网格单元行为，流动应力数据给出了变形网格单元所需的力和能量，单个网格通过相互间摩擦和内部力实现与其它网格单元的相互作用。

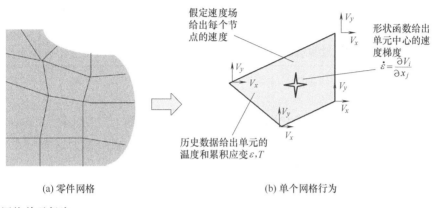

(a) 零件网格   (b) 单个网格行为

图 2.58　网格单元行为

有限元软件是通过使用矩阵代数技术求解大量的同步方程，具体步骤如下：

① 假设每个节点都有一个速度；

② 基于速度场计算刚度矩阵和力残差，产生形式的矩阵方程；

$$[K]\{\Delta v\}=\{f\} \tag{2-21}$$

式中，$[K]$ 为刚度矩阵；$\{\Delta v\}$ 为速度修正；$\{f\}$ 为节点参与应力。

③ 求解速度修正 Δv 的矩阵方程；

④ 使用速度校正对每个节点进行新的速度预测；

⑤ 循环步骤②～④，直到计算中要求的极小值小于在预处理器中设置的收敛准则，这被称为"平衡"解。收敛准则决定了该解的精度。

（1）求解器（Solver）

DEFORM-3D 软件的求解器有 Conjugate Gradient（共轭梯度法，CG）、Sparse（稀疏法）和 GMRES。其中，从 3DV61 开始，DEFORM-3D 软件增加了 GMRES 求解，主要用于多 CPU 运算模式。软件的求解器和迭代方法选择界面如图 2.59 所示。

比较而言，Sparse 求解器利用有限元公式直接求解，收敛较快，但对计算机内存要求较高，不宜用于大型问题。CG 求解器采用迭代方法逐步逼近最佳值，对计算机硬件的要求相对较低，这种方法不仅是解决大型线性方程组最有用的方法之一，也是解大型非线性方程组最优化最有效的算法之一。因此，对于多数问题的求解，CG 求解器具有较大

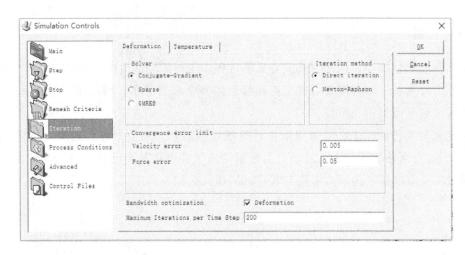

图 2.59　求解器和迭代方法选择界面

优势。

图 2.60 为不同求解器在求解复杂问题时的耗时对比，图 2.61 为不同求解器处理单元网格所需的内存对比。可见，在网格数一致的前提下，CG 求解器的运算效率明显高于 Sparse 求解器，且占用的计算机内存更少。

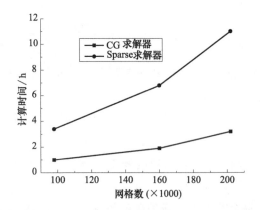

图 2.60　不同求解器的计算时间

需要指出的是，CG 求解器也存在一些不足。例如，对于某些问题（如接触点较少的情况）收敛较慢，甚至不收敛。当 CG 求解失效后，系统会自动调用 Sparse 求解。对于典型的成型模拟，系统默认的求解方法就能较好地完成模拟计算。

（2）迭代方法（Iteration method）

迭代方法包括 direct iteration（直接迭代法）和 Newton-Raphson（牛顿-拉弗森法）。这两种算法的仿真结果都是相同的，主要区别在于速度和收敛性。大多数工艺计算推荐用 Newton-Raphson 法，其迭代次数通常比其它方法少，但缺点是更容易出现不收敛的情况。图 2.62 为 Newton-Raphson 的计算示意图，其中（a）图收敛，（b）图出现发散

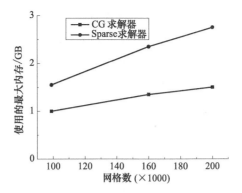

图 2.61　不同求解器处理单元网格所需内存

现象。

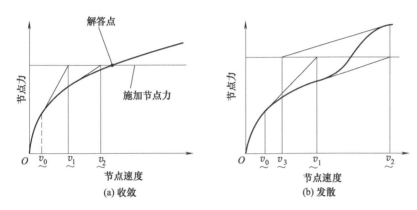

图 2.62　Newton-Raphson 方法示意图

　　direct iteration 比 Newton-Raphson 法更容易收敛，但通常需要的迭代次数更多。对于多孔材料，direct iteration 是目前唯一可用的方法。图 2.63 为 direct iteration 方法计算示意图。

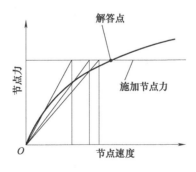

图 2.63　direct iteration 方法示意图

　　成形过程模拟具有高度非线性特点，计算量很大。计算过程的有关文字信息可以从输出窗口观察，也可以通过图形显示随时检查计算所得的中间结果。如果计算出现异常情况或用户想改变计算方案，可以随时中止计算进程。计算的中间结果将以文件形式保存，重新启动计算时可以从保存了结果的时刻开始计算。此外，塑性成形中，尤其是体积成形中，网格可能发生严重的畸变，这种情况下，为保证计算的正常进行需要重新划分网格再继续计算。功能强的软件可以自动地进行网格自适应重分，不需要用户干预。

2.2.4 后处理

后处理通常是通过读入分析结果数据文件激活的，分析软件的后处理模块能提供工件形状、模型表面或任意剖面上的应力-应变分布云图、变形过程的动画显示、选定位置的物理量与时间的函数关系曲线、沿任意曲线路径的物理量分布曲线等，使用户能方便地理解计算结果，预测成形质量和缺陷，如体积成形中用损伤因子分布云图显示工件内部出现裂纹的危险程度，用选定质点的流线显示成形中金属的流动方式等，图2.64为后处理变形结果。

图2.64　后处理变形结果

2.3
塑性成形工艺模拟结果

2.3.1 工艺预测

塑性成形计算机模拟的目的是预测工艺的合理性并进行优化，因此计算完成后需要进行必要的结果评估，如成形方案是否合理？变形模式和零件的形状是否符合产品要求？预测载荷是否合理？是否存在较大体积量损失？网格密集能否反应几何图形详细信息？是否存在隐藏的缺陷？

后处理能够预测并显示的结果包括：材料流动（flow）、填充（fill）、折叠（folds）、排气和润滑引起的缺陷（gas/lubricant traps）、成形载荷（load）、损伤（damage）、温度（temperature）、金属纤维流向（flownet）、工具应力（tool stress）等。

（1）载荷

载荷-行程曲线受工件充填进度的强烈影响，如图 2.65 所示的成形工艺中，在接触模具底部之前载荷约为 190klb，如图 2.65（a）所示；在完全填充模具时载荷可达 1200klb，如图 2.65（b）所示。

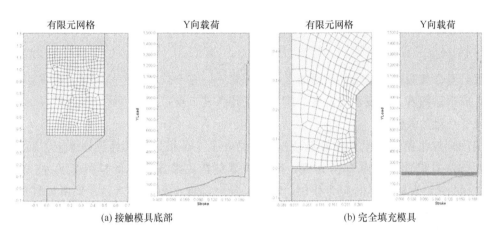

         （a）接触模具底部   （b）完全填充模具

图 2.65　载荷-行程曲线

（2）温度

金属材料尤其在热成形工艺中，会伴随着温度变化，如图 2.66 所示。温度是影响金属塑性成形工艺的最重要因素之一，因此需要预测温度的变化。

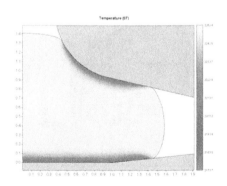

图 2.66　温度变化

（3）应力应变等场量

塑性成形计算机模拟分析，可以获得成形过程中的金属流动规律、应力场、应变场等信息，图 2.67（a）、（b）、（c）分别为某成形工艺的速度、应变和应变率结果。

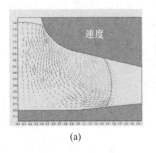 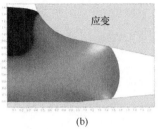 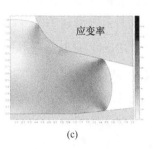

| (a) | (b) | (c) |

图 2.67　场量变化

（4）模具应力分析

模具寿命长短是衡量模具质量的重要指标之一，它不仅影响产品质量，而且还影响生产率和成本。随着工业技术的发展，模具的工作条件日益苛刻。因此，提高模具的使用寿命受到了广泛的关注。

利用计算机模拟与模具疲劳寿命预测相结合是一个很好的模具设计思想。通过有限元模拟方法对模具进行应力场分析，可以获得复杂成形条件下的模具应力-应变分布，如图 2.68 所示为某模具的应力分析。特别是针对局部应力集中问题，采用局部应力-应变法建立模具应力-应变寿命估算模型，可以为成形工艺及模具优化设计提供了新的途径和方法。

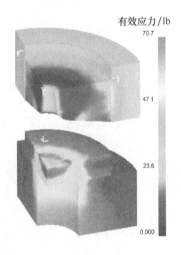

图 2.68　模具应力分析

（5）模具磨损分析

在金属加工过程中，导致模具失效的因素主要有磨损、塑性变形以及断裂。其中，由于断裂和塑性变形而导致的模具失效，可以通过模具的合理设计、模具材料的合理选择来减少，而模具的磨损是由模具与工件的接触而引起的，这不可避免，因此，由磨损而导致的模具失效难以控制。利用计算机模拟成形工艺参数与模具磨损量的关系，可以更好地指导模具设计与生产，进而提高模具的使用寿命。如图 2.69 所示为某模具的磨损分析结果。

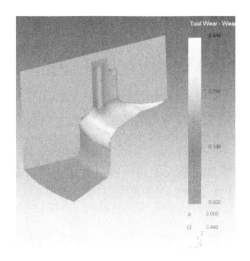

图 2.69　模具磨损分析

2.3.2　成形缺陷

获得后处理结果并进行分析优化是计算机模拟的最终目的。依据后处理，可以获得坯料的变形情况和各种场量，并以此判断各种缺陷的形成。计算结果是否准确主要取决于前处理的分析设置，而后处理结果是进行缺陷判断的依据。

（1）充不满

由流动问题引起的填充可以直接从图形中观察到，如图 2.70 所示，可以根据网格和渲染情况直接发现材料充不满的情况。

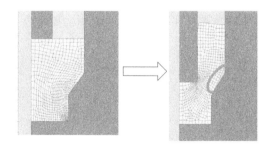

图 2.70　充不满

（2）折迭

图 2.71 直观地反映了网格在成形过程发生折迭的现象。如果计算过程中出现折迭现象，在软件界面消息文件中可能会显示带有负 Jacobian 错误的提示，同时导致模拟运算停止。

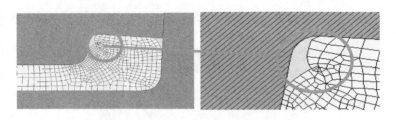

图 2.71　折迭

（3）断裂

DEFORM 引进了损伤概念和断裂模型，可以直接预测材料的裂纹产生和断裂过程，如图 2.72 所示为某切断工艺的计算。

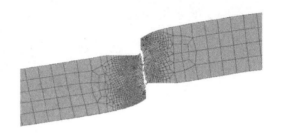

图 2.72　切断工艺

（4）排气和润滑引起的缺陷

计算机模拟不会显示由被困的空气、蒸汽或润滑剂而引起的充不满情况，但多数情况下可以从获得的成形过程推断得到。如图 2.73（a）所示的工艺，从最终模拟结果［图 2.73（d）］和后处理结果分析，似乎没有缺陷，但是，从成形过程分析可以看到，空隙处会集结空气，无法排除，实践也证明了这一点。图 2.73（b）底部和（c）侧壁部分为潜在的充不满区域，这可能引起模具开裂，因此，需要考虑排气，优化模具设计。

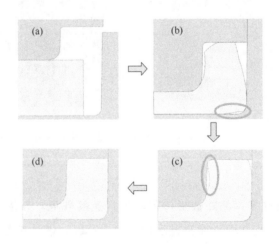

图 2.73　排气问题缺陷

2.4
计算精度的提高及工艺优化

通常情况下，塑性成形工艺计算非线性问题可以归结为三类：材料非线性、几何非线性和边界非线性。材料非线性问题中，物理方程的应力和应变关系不再是线性的，这种非线性问题主要分为不依赖于时间的弹塑性问题和依赖于时间的黏弹塑性问题两类。几何非线性问题中，工件在载荷作用下产生了大的位移或转动，此时材料可能仍保持为线弹性状态，但实际发生的大位移或转动使几何方程不能简化为线性形式，结构的平衡方程必须建立在变形后的位置，以便考虑变形对平衡的影响。边界非线性问题是由于边界条件的性质会随着材料的变形或运动发生变化而改变，典型的如接触问题。能否处理好这些非线性问题直接影响着仿真结果的精度和可信度。

（1）材料的准确描述

准确描述变形材料是有限元数值模拟的基础。模拟时，可以根据需要对材料进行简化，常见材料包括弹性材料、脆性材料和韧性材料，各类材料的应力应变关系如图 2.74 所示。

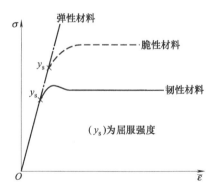

图 2.74　常见材料应力应变关系

对于一般的金属材料，其性能主要包括弹性（elastic）性能、塑性（plastic）性能、热传导（thermal）性能、扩散（diffusion）性能、再结晶（grain）性能和加工硬化（hardness）性能等。常用的材料模型选项又分为刚性（rigid）材料、塑性（plastic）材料、弹性（elastic）材料、多孔（porous）材料和弹塑性（elasto-plastic）材料。

DEFORM-3D 软件中，有较多可以使用的材料模型，用户可以自行建立其本构关系与应力-应变曲线，在软件中可以选择的形式包括：

① 表格形式。材料的本构关系可以用表格的形式输入。

$$\bar{\sigma}=\bar{\sigma}(\bar{\varepsilon},\ \dot{\bar{\varepsilon}},\ T) \tag{2-22}$$

式中，$\bar{\sigma}$ 为流动应力；$\bar{\varepsilon}$ 为等效应变；$\dot{\bar{\varepsilon}}$ 为等效应变率；T 为温度。

② 幂律定律（power law）。幂律定律是一种与应变速率有关的各向同性材料模型。

$$\bar{\sigma}=c\bar{\varepsilon}^n\dot{\bar{\varepsilon}}^m+y \tag{2-23}$$

式中，$\bar{\sigma}$ 为流动应力；$\bar{\varepsilon}$ 为等效塑性应变；$\dot{\bar{\varepsilon}}$ 为等效应变率；c 为材料常数；n 为应变指数；m 为应变率指数；y 为初始屈服值。

③ 铝合金流动应力模型。以下是两种常用于铝合金的材料模型。

模型 1：

$$\dot{\bar{\varepsilon}}=A\bar{\sigma}^n\mathrm{e}^{-\Delta H/RT_{\mathrm{abs}}} \tag{2-24}$$

式中，ΔH 为活化能；$\bar{\sigma}$ 为流动应力；$\dot{\bar{\varepsilon}}$ 为等效应变率；A 为常数；n 为应变率指数；e 为自然常数；R 为气体常数；T_{abs} 为绝对温度。

模型 2：

$$\dot{\bar{\varepsilon}}=A\left[\sinh(\alpha\bar{\sigma})\right]^n\mathrm{e}^{-\Delta H/RT_{\mathrm{abs}}} \tag{2-25}$$

式中，$\sinh$ 为双曲正弦函数；ΔH 为活化能；$\bar{\sigma}$ 为流动应力，$\dot{\bar{\varepsilon}}$ 为等效应变率；A 为常数；n 为应变率指数；R 为气体常数；T_{abs} 为绝对温度；α 为材料常数。

④ 线性强化模型。线性强化模型的本构方程如下：

$$\bar{\sigma}=Y(T,\ A)+H(T,\ A)\bar{\varepsilon} \tag{2-26}$$

式中，$\bar{\varepsilon}$ 为等效塑性应变；$\bar{\sigma}$ 为流动应力；A 为原子含量；T 为温度；Y 为初始屈服应力；H 为应变硬化常数。

其它还包括 Generalized Johnson&Cook 模型、Zerilli-Armstrong 模型和 Norton-Hoff 模型。

材料模型和参数是决定材料成形工艺的决定性因素之一。如图 2.75 所示为某金属材料的正挤压工艺，面积减少率 50%，入模角 60°，摩擦系数 0.10，不同材料的成形载荷如图 2.76 所示，差别很明显。

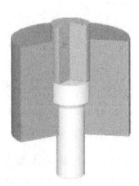

图 2.75　材料正挤压工艺

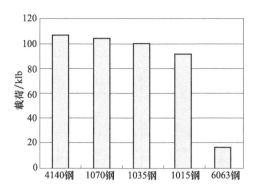

图 2.76 不同材料的成形载荷 (1klb≈453.6kg)

（2）工艺条件准确设定

① 接触与摩擦。锻造成形过程中，锻件与模具型腔之间的接触摩擦是不可避免的，且两接触体的接触面积、压力分布与摩擦状态随加载时间的变化而变化，即接触与摩擦问题是边界条件高度非线性的复杂问题。目前，用于摩擦问题有限元模拟的理论主要有经典干摩擦定律、以切向相对滑移为函数的摩擦理论和类似于弹塑性理论形式的摩擦理论。

摩擦类型和摩擦系数需要符合实际情况。图 2.77 给出了 1035 钢在图 2.75 正挤压工艺条件下不同摩擦系数对应的成形载荷值。

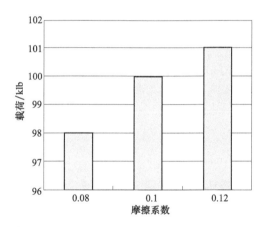

图 2.77 不同摩擦系数镦粗结果（一）

② 成形温度。成形温度对成形工艺影响较大。图 2.78 给出了 1035 钢在图 2.75 正挤压工艺条件下不同温度对应的成形载荷值。

（3）模拟参数合理设置

除了软、硬件本身，以及前述所提及的材料性质、工艺条件等因素，前处理也是决定模拟计算精度的关键环节，如网格大小、时间或者位移行程的步长等模拟参数的设置，尤其值得关注的是计算过程中的网格重划分标准及阈值设置。成形模拟中，经常出现塑性变形区内材料发生较大应变，导致有限元网格严重畸变，进而导致结果失真或计算终止。为

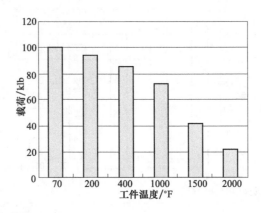

图 2.78　不同摩擦系数镦粗结果（二）

了解决上述问题，需要暂时停止计算过程，进行网格重划分，划分标准和结果会进一步影响计算结果。同时，金属塑性成形过程为非稳态的大变形成形过程，此过程中变形体的形状不断变化，其与模具的接触状态也在不断变化，形成了工件、模具间的动态接触表面。因此，每一加载步收敛后，需要对这些节点的边界条件进行相应的修改，即进行动态边界条件处理。如图 2.79 所示为同一零件在不同重划分标准下的网格划分结果，二者有明显的差异。

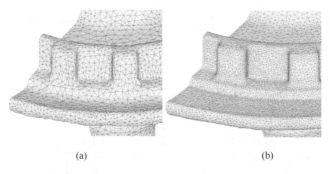

(a)　　　　　　　　　　　　　　　(b)

图 2.79　不同重划分标准下的网格划分结果

第 **3** 章

塑性成形工艺模拟理论及应用

3.1
塑性成形力学基础

3.1.1　应力、应变和应变率

（1）应力

物体因受外力作用而变形，其内部各部分之间因相对位置改变而引起附加相互作用力即"附加内力"。应力是分布内力系在一点的集度，反映的是内力系在一点的强弱程度。常见应力形式如下：

① 工程应力（engineering stress）——原始未变形形状单位面积上的力。

② 真实应力（true stress）——变形后形状单位面积上的力。

上述两种应力形式定义可结合图 3.1 理解。图 3.1（a）中，工程应力和真实应力是相同的，图 3.1（b）工程应力和真实应力则相差一倍，1klbs＝4450N。一般来说，在分析成形过程时，工程师更感兴趣的是真实应力，因为真实应力比工程应力更能准确地反映塑性屈服等问题。

（2）应变

应变反映的是一点的变形程度，可分为线应变和角应变两类。线应变也称为正应变，表示一点沿某一方向长度变化的程度；角应变也称为剪应变或切应变，表示一点在某一平面内角度变化的程度。常见线应变形式如下：

① 工程应变（Engineering Strain）＝ $\dfrac{长度变化}{原始长度}$　　　　　　　　　　　　　　（3-1）

力=100klb

初始面积:1平方英寸(in²)
工程应力=100klb/1 in²=100ksi
真实应力=100klb/1 in²=100ksi

(a)

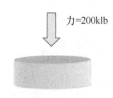

力=200klb

最终面积:2平方英寸(in²)
工程应力=200klb/1 in²=200ksi
真实应力=200klb/2 in²=100ksi

(b)

图 3.1　应力

② 真实应变（True Strain）$=\ln\left(\dfrac{最终长度}{初始长度}\right)$ 　　　　　　　　(3-2)

图 3.2 给出了相应镦粗和拉伸试验的应变计算值，当相同长度试样压缩到原高度一半和拉伸到原长度两倍时，工程应变值是不同的。其中，真实应变是一种更能准确测量材料实际长度变化的方法，可用于确定变形中的应力。

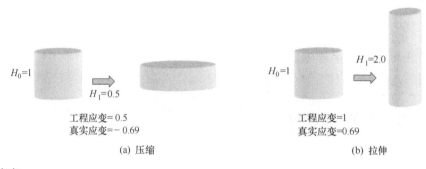

$H_0=1$　　$H_1=0.5$

工程应变= 0.5
真实应变=− 0.69

(a) 压缩

$H_0=1$　　$H_1=2.0$

工程应变=1
真实应变=0.69

(b) 拉伸

图 3.2　应变

（3）应变率

应变率是应变相对于时间的变化率，是表征材料变形速度的一种度量。其定义由美国冶金学家 Jade LeCocq 于 1867 年首次引入。在物理学中，应变速率通常被定义为应变相对于时间的导数。

（4）材料试验

① 压缩试验。压缩试验（compression test）是测定材料在轴向静压力作用下力学性能的试验方法，是材料力学性能试验的基本方法之一。图 3.3 所示的压缩试验中，工程应力和工程应变的表达式如式（3-3）和（3-4）所示，需要指出的是，这两个表达式都未考虑试样由于鼓形产生的面积增加。

a. 工程应力 $\sigma_{\mathrm{eng}}=\dfrac{F}{A_0}$ 　　　　　　　　　　　　　　(3-3)

b. 工程应变 $\varepsilon_{\mathrm{eng}}=\dfrac{\Delta h}{h_0}$ 　　　　　　　　　　　　　(3-4)

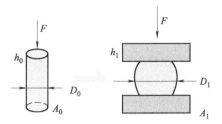

图 3.3 压缩试验

式中，F 为压力；A_0 为初始面积；Δh 为压下量；h_0 为原始高度。

② 拉伸试验。拉伸试验（tension test）是在承受轴向拉伸载荷下测定材料特性的试验方法。图 3.4 所示的拉伸试验中，真实应力和真实应变的表达式如式（3-5）和式（3-6）所示。在材料体积不变的假设下，这两个表达式都考虑了试验过程中试样横截面积的变化，因此能更好地反映材料应力和应变的实际状况。

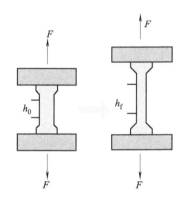

图 3.4 拉伸试验

a. 真实应力
$$\sigma_T = \sigma_{eng}(1 + \varepsilon_{eng}) \tag{3-5}$$

式中，ε_{eng} 为工程应变。

b. 真实应变
$$\varepsilon_T = \ln\left(\frac{h_f}{h_0}\right) \tag{3-6}$$

式中，h_f 为变形区拉伸后长度；h_0 为变形区拉伸前长度。

③ 扭转试验。圆棒试样装夹在旋转轴盘上，使其产生扭转变形，并记录扭转力。图 3.5 所示的扭转试验中，圆棒应变分布特征为中心处应变为 0，外表面上应变最大。

图 3.5 扭转试验

圆棒扭转时横截面上任一点处切应力的计算公式为：

$$\tau_\rho = \frac{T\rho}{I_P} \qquad (3\text{-}7)$$

式中，T 为横截面上的扭矩；ρ 为所求点到圆心的距离；I_P 为横截面的极惯性矩。

距离圆心为 ρ 处点的切应变为

$$\gamma_\rho = \frac{\rho \mathrm{d}\varphi}{\mathrm{d}x} \qquad (3\text{-}8)$$

式中，ρ 为所求点到圆心的距离；$\dfrac{\mathrm{d}\varphi}{\mathrm{d}x}$ 表示扭转角沿轴线的变化率，称为单位长度转角。

3.1.2　应力-应变曲线

（1）变形区与等效应力、应变

应力-应变曲线是以横坐标为应变，纵坐标为应力的曲线。所有材料都具有自己固有的特征应力-应变曲线，该曲线反映了材料的力学性能。对于大多数各向同性金属，应力-应变曲线的形状如图 3.6 所示，其中，中间那条曲线是材料的真实应力-应变曲线，两侧曲线分别为材料压缩和拉伸的工程应力-应变曲线。

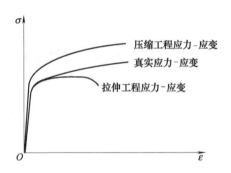

图 3.6　应力-应变曲线

为了简化，把弹塑性材料的应力-应变曲线划分为弹性区和塑性区两个区域。低应变值处的斜坡区称为弹性区，该区域应变很低，变形是完全弹性的，当加载的外力卸载后，材料会恢复到原来的形状。图 3.7 中，物体在轴向拉伸载荷作用下变形，给出了长度的变化，以及相应的应力-应变曲线位置。

应力-应变曲线的第二个区域称为塑性区，该区域位于弹性区之后，且曲线相对于弹性阶段更平缓。此区域内，新产生的材料变形不会发生恢复，唯一恢复的是累积的弹性变形。如图 3.8 所示，试样在轴向拉伸载荷作用下首先遵循弹性加载曲线产生弹性变形，然后产生塑性变形。当外力撤除后，材料沿着弹性曲线恢复，直至完全卸载时，剩余的变形就是物体的永久变形。对于大多数的体积成形而言，弹性变形远小于塑性变形，二者之比通常在 1/1000～1/100 范围内。

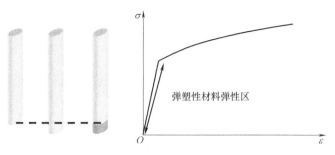

图 3.7　应力-应变弹性变形区

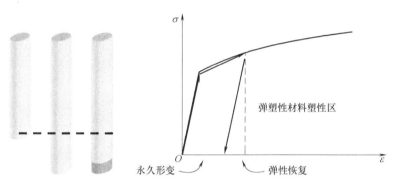

图 3.8　应力-应变塑性变形区

需要说明的是，应力-应变曲线中所涉及的应力为等效应力，应变为等效应变，分别按如下公式计算。

等效应力

$$\bar{\sigma}=\frac{1}{\sqrt{2}}\sqrt{(\sigma_x-\sigma_y)^2+(\sigma_y-\sigma_z)^2+(\sigma_z-\sigma_x)^2+6(\tau_{xy}^2+\tau_{yz}^2+\tau_{zx}^2)} \qquad (3\text{-}9)$$

式中，σ_x、σ_y、σ_z 为正应力，其作用面的法线分别与 x、y、z 轴平行；τ_{xy}、τ_{yz}、τ_{zx} 为剪应力，第一个角标表示剪应力作用面的法线方向沿该对应轴，第二个角标表示剪应力的方向平行于该对应轴。

等效应变

$$\bar{\varepsilon}=\sqrt{\frac{2}{9}\left[(\varepsilon_x-\varepsilon_y)^2+(\varepsilon_y-\varepsilon_z)^2+(\varepsilon_x-\varepsilon_z)^2+6(\gamma_{xy}^2+\gamma_{yz}^2+\gamma_{zx}^2)\right]} \qquad (3\text{-}10)$$

式中，ε_x、ε_y、ε_z 分别为 x、y、z 方向的线应变；γ_{xy}、γ_{yz}、γ_{zx} 分别为 xy、yz、zx 平面内的角应变。

（2）流动应力

流动应力是产生变形增量所需的应力。当材料塑性变形时，产生变形增量所需的应力由流动应力曲线提供，图 3.9 中，这一概念被直观地显示出来。

流动应力受累积应变、瞬时应变速率和当前温度等多个变量的影响，流动应力曲线随这些变量的变化改变较大。图 3.10 给出了流动应力随温度和应变率的变化情况，可见，

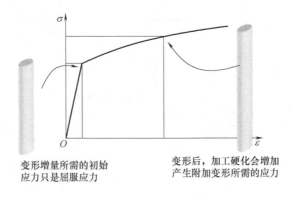

图 3.9　流动应力

在其它条件相同的情况下，提高零件温度或者减小应变率，可以减小增加变形增量所需要的应力。

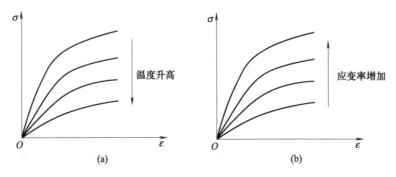

图 3.10　流动应力随温度和应变率的变化情况

在弹性变形可以忽略的情况下（例如金属大变形等），可通过式（3-11）的 Levy-Mises 流动法则建立应力张量与应变率张量之间的联系。

$$\sigma_{ij} = \frac{1}{\dot{\lambda}} \dot{\varepsilon}_{ij} \tag{3-11}$$

式中，σ_{ij} 为应力张量；$\dot{\lambda}$ 是通过实验确定的应变和温度的函数；$\dot{\varepsilon}_{ij}$ 为应变率张量。

（3）塑性流动规律

塑性变形情况下，金属材料始终沿最小阻力的方向流动，工件与工具之间的摩擦情况决定了材料的流动模式。图 3.11 中给出了不同摩擦情况下材料的塑性流动规律。可以明显地看到，在没有摩擦的情况下，材料均匀地流动；在高摩擦的情况下，因材料向外流动阻力很大，工件出现明显的鼓形。

3.1.3　塑性成形受力分析

（1）应力分析

① 应力分量。塑性成形中，变形物体通常是多向受力。只有了解变形物体内任意一

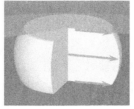

(a) 初始几何　　　　　(b) 没有摩擦力　　　　　(c) 中等摩擦　　　　　(d) 高摩擦

图 3.11　塑性流动规律

点的应力状态，才可能推断出整个物体变形时的应力状态，这就需要研究点的应力状态。
假设在直角坐标系中有一承受任意力系的物体，过物体内任意点可作无限多个微分面，不
同方向的微分面上都有各自不同的应力分量。过该点的无限多的微分面中，总可以找到三
个互相垂直的微分面组成无限小的正六面体（称为单元体），直角坐标系中单元体的应力
分量如图 3.12 所示。

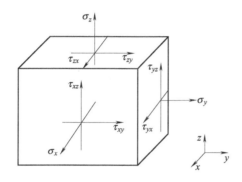

图 3.12　直角坐标系中单元体的应力分量

根据切应力互等定律可得：

$$\tau_{xy} = \tau_{yx} \, ; \, \tau_{xz} = \tau_{zx} \, ; \, \tau_{yz} = \tau_{zy} \tag{3-12}$$

此外，还有三个正应力 σ_x、σ_y、σ_z。因此，任一点的应力状态中，独立的应力分量
有六个。

② 应力张量。在外力一定的条件下，物体内任意一点的应力状态是确定的。但是，
在不同的坐标系下，表示该点应力状态的九个应力分量有不同的数值，而该点的应力状态
并没有变化。因此，不同坐标系中的应力分量之间必然存在一定的关系。记一点应力状态
的九个应力分量构成一个二阶张量 $\boldsymbol{\sigma}_{ij}$，称为应力张量，表示为：

$$\boldsymbol{\sigma}_{ij} = \begin{bmatrix} \sigma_x & \tau_{xy} & \tau_{xz} \\ \tau_{yx} & \sigma_y & \tau_{yz} \\ \tau_{zx} & \tau_{zy} & \sigma_z \end{bmatrix} \tag{3-13}$$

结合式（3-12），上式简化为：

$$\boldsymbol{\sigma}_{ij} = \begin{bmatrix} \sigma_x & \tau_{xy} & \tau_{xz} \\ & \sigma_y & \tau_{yz} \\ & & \sigma_z \end{bmatrix} \tag{3-14}$$

采用应力主方向作为坐标轴时，可使应力状态的描述大为简化。此时描述变形物体内一点的应力状态可以用 3 个主应力 σ_1、σ_2、σ_3 表示。此时应力张量可写作

$$\boldsymbol{\sigma}_{ij} = \begin{bmatrix} \sigma_1 & 0 & 0 \\ 0 & \sigma_2 & 0 \\ 0 & 0 & \sigma_3 \end{bmatrix} \tag{3-15}$$

根据张量的基本性质，每一张量可以叠加和分解，存在三个主轴（主方向）、三个主值（主应力）和三个独立的应力张量不变量。应力张量不变量一般用 J_1、J_2、J_3 表示，分别称为第一不变量、第二不变量和第三不变量，则：

$$\begin{aligned} J_1 &= \sigma_1 + \sigma_2 + \sigma_3 \\ J_2 &= -(\sigma_1\sigma_2 + \sigma_2\sigma_3 + \sigma_3\sigma_1) \\ J_3 &= \sigma_1\sigma_2\sigma_3 \end{aligned} \tag{3-16}$$

③ 主切应力和最大切应力。切应力达到极值的平面称为主切应力平面，其上作用的切应力称为主切应力。主切应力平面上的正应力和主切应力值分别为：

$$\sigma_{23} = \frac{\sigma_2 + \sigma_3}{2} \quad \sigma_{31} = \frac{\sigma_3 + \sigma_1}{2} \quad \sigma_{12} = \frac{\sigma_1 + \sigma_2}{2}$$

$$\tau_{23} = \pm\frac{\sigma_2 - \sigma_3}{2} \quad \tau_{31} = \pm\frac{\sigma_3 - \sigma_1}{2} \quad \tau_{12} = \pm\frac{\sigma_1 - \sigma_2}{2} \tag{3-17}$$

式中，三个主切应力中绝对值最大的一个，也就是一点所有方位面上切应力的最大值，称为最大切应力，用 τ_{max} 表示。

一般地，$\sigma_1 \geqslant \sigma_2 \geqslant \sigma_3$，所以有：

$$\tau_{max} = \pm\frac{\sigma_1 - \sigma_3}{2} \tag{3-18}$$

也可以表示为：

$$\tau_{max} = \pm\frac{1}{2}(\sigma_{max} - \sigma_{min}) \tag{3-19}$$

式中，σ_{max} 为代数值最大的主应力值；σ_{min} 为代数值最小的主应力值。

④ 应力偏张量和应力球张量。物体受力作用后就会发生变形，这种变形包含体积改变和形状改变两部分。单位体积的改变为：

$$\theta = \frac{1-2\nu}{E}(\sigma_1 + \sigma_2 + \sigma_3) \tag{3-20}$$

式中，ν 为材料的泊松比；E 为材料的弹性模量。

设 σ_m 为三个正应力分量的平均值，称为平均应力（或静水应力），则

$$\sigma_m = \frac{1}{3}(\sigma_1 + \sigma_2 + \sigma_3) = \frac{1}{3}J_1 \tag{3-21}$$

可见，σ_m 是一个与所选取的坐标无关的不变量，即对于一个确定的应力状态，它为单值，这表明物体的体积改变只与平均应力有关。

可以将应力张量分解为两个张量，即：

$$\sigma_{ij} = \sigma'_{ij} + \delta_{ij}\sigma_m \tag{3-22}$$

式中，δ_{ij} 为应力偏张量，是由原应力张量分解出球张量后得到的；δ_{ij} 为克罗内克函数，也称为单位张量，当 $i=j$ 时，$\delta_{ij}=1$，当 $i \neq j$ 时，$\delta_{ij}=0$；$\delta_{ij}\sigma_m$ 为球应力状态，也称静水压力状态，称为应力球张量。

应力偏张量是二阶对称张量，存在三个不变量，且

$$\left. \begin{array}{l} J'_1 = 0 \\[2mm] J'_2 = \dfrac{1}{6}\left[(\sigma_1-\sigma_2)^2 + (\sigma_2-\sigma_3)^2 + (\sigma_3-\sigma_1)^2\right] \\[2mm] J'_3 = \sigma'_1\sigma'_2\sigma'_3 \end{array} \right\} \tag{3-23}$$

应力偏张量第一不变量 $J'_1=0$，表明应力分量已经没有静水应力成分；第二不变量 J'_2 与屈服准则有关；第三不变量 J'_3 决定了应变的类型，$J'_3>0$ 属伸长类应变，$J'_3=0$ 属平面应变，$J'_3<0$ 属压缩类应变。

需要指出的是，应力球张量只引起物体的体积改变，应力偏张量只引起物体的形状改变，材料的塑性变形是由应力偏张量引起的。

（2）应变分析

① 点的应变状态与应变分量。通过一点的已知方位面上的应力，可以求得过该点的其它任意方位面上的应力，从而确定该点的应力状态。同样地，通过一点的已知方位面上的应变，也可以求得过该点的其它任意方位面上的应变，从而确定该点的应变状态。

② 小变形几何方程。由于变形体内的点产生了位移，因此引起了相应的应变。位移场与应变场之间必然存在一定的关系。根据变形几何关系，可以推导出小变形时位移分量与应变分量之间的关系即小变形几何方程为：

$$\boldsymbol{\varepsilon}_{ij} = \frac{1}{2}\left[\frac{\partial u_i}{\partial x_i} + \frac{\partial u_j}{\partial x_j}\right] \tag{3-24}$$

式中，$\boldsymbol{\varepsilon}_{ij}$ 为应变张量；u_i、u_j 分别为位移矢量在坐标轴上的位移分量。

由式（3-24）可知，如果位移已知，则可求得应变场。

③ 应变连续方程。由小应变几何方程可知，六个应变分量取决于三个位移分量。显然，这六个应变分量不是任意的，它们之间必然存在一定的关系才能保证变形体的连续性。应变分量之间的关系称为应变连续方程或协调方程，即

面内：

$$\frac{\partial^2 \varepsilon_y}{\partial x^2} + \frac{\partial^2 \varepsilon_x}{\partial y^2} = \frac{\partial^2 \gamma_{xy}}{\partial x \partial y}$$

$$\frac{\partial^2 \varepsilon_z}{\partial^2 y} + \frac{\partial^2 \varepsilon_y}{\partial z^2} = \frac{\partial^2 \gamma_{yz}}{\partial y \partial z}$$

$$\frac{\partial^2 \varepsilon_x}{\partial z^2} + \frac{\partial^2 \varepsilon_z}{\partial x^2} = \frac{\partial^2 \gamma_{xz}}{\partial x \partial z} \tag{3-25}$$

$$\frac{\partial}{\partial x}\left(-\frac{\partial \gamma_{yz}}{\partial x}+\frac{\partial \gamma_{xz}}{\partial y}+\frac{\partial \gamma_{xy}}{\partial z}\right)=2\frac{\partial^2 \varepsilon_x}{\partial y \partial z}$$

面间：

$$\frac{\partial}{\partial y}\left(\frac{\partial \gamma_{yz}}{\partial x}-\frac{\partial \gamma_{xz}}{\partial y}+\frac{\partial \gamma_{xy}}{\partial z}\right)=2\frac{\partial^2 \varepsilon_y}{\partial x \partial z}$$

$$\frac{\partial}{\partial z}\left(\frac{\partial \gamma_{yz}}{\partial x}+\frac{\partial \gamma_{xz}}{\partial y}-\frac{\partial \gamma_{xy}}{\partial z}\right)=2\frac{\partial^2 \varepsilon_z}{\partial x \partial y} \tag{3-26}$$

式中，ε_x、ε_y、ε_z 分别为 x、y、z 方向的线应变；γ_{xy}、γ_{yz}、γ_{zx} 分别为 xy、yz、zx 平面内的角应变。

④ 应变增量与应变速率张量。以物体在变形过程中某瞬间的形状尺寸为原始状态，在此基础上发生的无限小应变就是应变增量。由于在极短时间内产生的位移增量（du_i）与相应的应变增量（$d\varepsilon_{ij}$）都是十分微小的，所以可视为是小变形。此时，位移增量与应变增量之间的关系形式与小应变几何方程相同，即

$$d\boldsymbol{\varepsilon}_{ij}=\frac{1}{2}\left[\frac{\partial(du_i)}{\partial x_i}+\frac{\partial(du_j)}{\partial x_j}\right] \tag{3-27}$$

式中，$\boldsymbol{\varepsilon}_{ij}$ 为应变张量；u_i、u_j 分别为位移矢量在坐标轴上的位移分量。

单位时间内的应变称为应变速率，也称为变形速度，用 $\dot{\boldsymbol{\varepsilon}}_{ij}$ 表示，且

$$\dot{\boldsymbol{\varepsilon}}_{ij}=\frac{d\boldsymbol{\varepsilon}_{ij}}{dt}=\frac{1}{2}\left[\frac{\partial \dot{u}_i}{\partial x_i}+\frac{\partial \dot{u}_j}{\partial x_j}\right] \tag{3-28}$$

式中，$\dot{u}_i$、$\dot{u}_j$ 分别为速度矢量在坐标轴上的分量。

一点的应变速率是一个二阶对称张量，称为应变速率张量。

$$\dot{\boldsymbol{\varepsilon}}_{ij}=\begin{bmatrix} \dot{\varepsilon}_x & \dot{\gamma}_{xy} & \dot{\gamma}_{xz} \\ & \dot{\varepsilon}_y & \dot{\gamma}_{yz} \\ & & \dot{\varepsilon}_z \end{bmatrix} \tag{3-29}$$

式中，$\dot{\varepsilon}_x$、$\dot{\varepsilon}_y$、$\dot{\varepsilon}_z$、$\dot{\gamma}_{xy}$、$\dot{\gamma}_{xz}$、$\dot{\gamma}_{yz}$ 为应变速率分张量。

3.1.4 屈服准则

屈服准则是描述不同应力状态下变形体某点进入塑性状态并使塑性变形继续进行所必须满足的条件，也称为塑性条件或屈服条件。常用的屈服准则主要有屈雷斯加准则、米泽斯屈服准则等。

（1）屈雷斯加准则

法国工程师屈雷斯加（H. Tresca）根据库伦在土力学中的研究结果，并结合自己的金属挤压实验结果提出，当受力物体（质点）的最大切应力达到某一定值时，该物体就发生屈服，或者说，材料处于塑性状态时，其最大切应力是一定值。该定值只取决于材料在变形条件下的性质，与应力状态无关。该屈服准则称为屈雷斯加准则，也称为最大切应力不变条件。

该准则可表示为：

$$\tau_{\max}=\left|\frac{1}{2}(\sigma_{\max}-\sigma_{\min})\right|=C \tag{3-30}$$

式中，$\sigma_{\max}$ 为代数值最大的主应力；$\sigma_{\min}$ 为代数值最小的主应力；C 为与材料性质有关的常数，无论何种状态，C 均可由简单拉伸实验或纯剪切实验予以确定。

一般地，约定 $\sigma_1 \geqslant \sigma_2 \geqslant \sigma_3$，则屈雷斯加屈服准则可表示为

$$\frac{\sigma_1-\sigma_3}{2}=C=\frac{\sigma_s}{2} \tag{3-31}$$

可见，在主应力大小已知的情况下，屈雷斯加屈服准则的使用十分方便。

（2）米泽斯屈服准则

德国力学家米泽斯（Von. Mises）于 1913 年提出了另一个屈服准则，即米泽斯屈服准则。材料屈服是物理现象，对于各向同性材料而言，屈服函数式与坐标的选择无关，而塑性变形与应力偏张量有关。因此，米泽斯屈服准则可表述为：无论在何种应力状态下，当应力偏张量的第二不变量达到材料的某一特征值 K^2 时，材料进入屈服状态，即

$$f_{ij}=J'_2-K^2=0 \tag{3-32}$$

式中，J'_2 为应力偏张量的第二不变量，K 为剪切屈服强度。

也可以用应力表示为：

$$[(\sigma_x-\sigma_y)^2+(\sigma_y-\sigma_z)^2+(\sigma_z-\sigma_x)^2+6(\tau_{xy}{}^2+\tau_{yz}{}^2+\tau_{zx}{}^2)]=6K^2 \tag{3-33}$$

式中，σ_x、σ_y、σ_z 分别为垂直于 x 轴、y 轴、z 轴方位面上的正应力；τ_{xy} 为垂直于 x 轴方位面上平行于 y 轴的切应力；τ_{yz} 为垂直于 y 轴方位面上平行于 z 轴的切应力；τ_{zx} 为垂直于 z 轴方位面上平行于 x 轴的切应力。

用主应力表示为：

$$[(\sigma_1-\sigma_2)^2+(\sigma_2-\sigma_3)^2+(\sigma_3-\sigma_1)^2]=6K^2=2\sigma_s^2 \tag{3-34}$$

式中，σ_1、σ_2、σ_3 为最大主应力；K 为材料的最大剪切屈服强度；σ_s 为材料的屈服点。

从上述介绍中可以看出，米泽斯屈服准则和屈雷斯加屈服准则都和坐标的选择无关，三个主应力可以任意置换而不影响屈服准则。事实上，两个准则是很接近的。但实验数据表明，对于大多数金属材料而言，米泽斯屈服准则比屈雷斯加屈服准则更接近于实际，而且，米泽斯屈服准则考虑了中间应力的影响，且其数学表达式是连续的，便于数值分析。因此，米泽斯屈服准则应用更为广泛。

3.1.5 本构方程

（1）本构关系

材料塑性应力与应变之间的关系称为材料塑性本构关系，其数学表达式称为本构方程，也称为物理方程。材料塑性变形时，应力不仅与应变有关，还与材料变形历史、组织结构等有关。材料塑性变形时的应力与应变关系，可以归结为等效应力与等效应变之间的关系，即

$$\bar{\sigma} = f(\bar{\varepsilon}) \qquad (3-35)$$

式中，$\bar{\sigma}$ 为等效应力；$\bar{\varepsilon}$ 为等效应变。

实验结果表明，按不同应力组合得到的等效应力-等效应变曲线基本相同。可以假设，对于同一种材料，在变形条件相同时，等效应力与等效应变曲线是单一的，称为单一曲线假设。因此，可以采用最简单的实验方法来确定材料的等效应力-等效应变曲线，例如，单向拉伸实验、单向压缩实验、平面应变压缩实验等。

一般地，由实验得到的真应力-真应变曲线（等效应力-等效应变曲线）比较复杂，不能用简单的函数形式来描述，应用不方便。因此，通常都将实验得到的曲线处理成可以用某种函数表达的形式。

① 理想弹塑性材料模型。理想弹塑性材料模型的特点是应力达到屈服应力前，应力与应变呈线性关系，应力达到屈服应力之后，保持为常数。该模型的应力应变关系如式 (3-36) 所示，应力-应变曲线如图 3.13 所示，适合于应变不太大、强化程度较小的材料。

$$\begin{cases} \bar{\sigma} = E\bar{\varepsilon} & \text{当 } \bar{\varepsilon} \leqslant \varepsilon_e \\ \bar{\sigma} = \sigma_s = E\varepsilon_e & \text{当 } \bar{\varepsilon} \geqslant \varepsilon_e \end{cases} \qquad (3-36)$$

式中，$\bar{\sigma}$ 为等效应力；E 为弹性模量；$\bar{\varepsilon}$ 为等效应变；σ_s 为屈服强度；ε_e 为弹性变形极限。

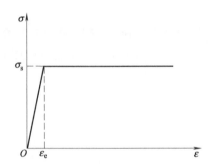

图 3.13　理想弹塑性材料模型

② 理想刚塑性材料模型。理想刚塑性材料模型的特点是忽略材料的强化和弹性变形。该模型的应力应变关系如式 (3-37) 所示，应力-应变曲线如图 3.14 所示，适合于热加工和超塑性的金属材料。

$$\bar{\sigma} = \sigma_s \qquad (3-37)$$

式中，$\bar{\sigma}$ 为等效应力；σ_s 为屈服强度。

③ 幂指数硬化材料模型。幂指数硬化材料模型的应力应变关系如式 (3-38) 所示，应力-应变曲线如图 3.15 所示，适合于大多数金属材料，可以简化为线弹性模型或理想刚塑性模型。

$$\bar{\sigma} = k\bar{\varepsilon}^n \qquad (3-38)$$

式中，$\bar{\sigma}$ 为等效应力；k 为强度系数或者称为强化（硬化）系数；$\bar{\varepsilon}$ 为等效应变；n

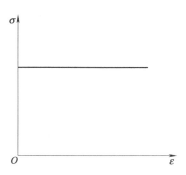

图 3.14　理想刚塑性材料模型

为硬化指数，$0<n<1$。

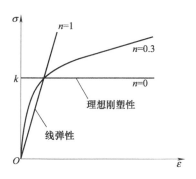

图 3.15　幂指数硬化材料模型

④ 弹塑性线性硬化材料模型。弹塑性线性硬化材料模型的应力应变关系如式（3-39）所示，应力-应变曲线如图 3.16 所示，适合于弹性变形不可忽略，且塑性变形的硬化率接近于不变的材料，例如合金钢、铝合金等。

$$\begin{cases} \bar{\sigma}=E\bar{\varepsilon} & 当 \bar{\varepsilon}\leqslant\varepsilon_e \\ \bar{\sigma}=\sigma_s+E_1(\bar{\varepsilon}-\varepsilon_e) & 当 \bar{\varepsilon}\geqslant\varepsilon_e \end{cases} \tag{3-39}$$

式中，$\bar{\sigma}$ 为等效应力；E 为弹性模量；$\bar{\varepsilon}$ 为等效应变；ε_e 为弹性变形极限；σ_s 为屈服强度；E_1 为塑性模量。

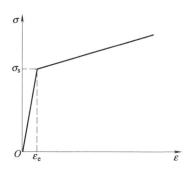

图 3.16　弹塑性线性硬化材料模型

⑤ 刚塑性线性硬化材料模型。如果弹性变形可以忽略，材料的硬化可以认为是线性的。刚塑性线性硬化材料模型的应力应变关系如式（3-40）所示，应力-应变曲线如图 3.17 所示，适合于经过较大的冷变形量之后，并且其加工硬化率几乎不变的金属材料。

$$\bar{\sigma} = \sigma_s + k_2 \bar{\varepsilon} \tag{3-40}$$

式中，$\bar{\sigma}$ 为等效应力；σ_s 为屈服强度；k_2 为加工硬化率常数；$\bar{\varepsilon}$ 为等效应变。

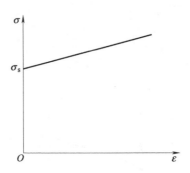

图 3.17　刚塑性线性硬化材料模型

（2）增量理论

塑性应力应变关系的本构关系，一般以增量形式给出，用增量形式表示塑性本构关系的理论称为塑性增量理论。增量理论又称为流动理论，它是材料处于塑性状态时的应力与应变增量或应变速率之间关系的理论，是针对加载过程中的每一瞬间的应力状态所确定的该瞬间的应变增量。

增量理论中，应用最广的米泽斯（Levy-Mises）理论和劳斯（Prandtl-Reuss）理论。两个理论都给出了塑性应变增量与应力偏张量之间的关系，反映了加载过程对变形的影响，但均没有给出卸载规律。两者的差别仅在于米泽斯理论没有考虑弹性变形，因此，米泽斯理论仅适用于大应变问题，无法求弹性回跳及残余应力场问题。

增量理论是针对塑性变形时全量应变主轴与应力主轴不一定重合而提出的，但研究表明，应力和应变的增量关系与屈服准则有关，增量理论的本构关系在理论上是合理的，但应用并不方便。

（3）全量理论

塑性全量理论是用全量应力和全量应变表述弹塑性材料本构关系的理论，又称为塑性变形理论。1924 年，亨奇（H. Hencky）从变分原理出发，得出了一组关于理想塑性材料的全量形式的应力应变关系（即本构关系）。此后，苏联的 A. A. 伊柳辛提出了简单加载定理，使全量理论更为完整。全量理论的本构方程数学表达形式比较简单，应用比较方便，不仅适用于简单加载条件，而且也适用于某些偏离简单加载的加载路径，且计算结果和实际结果比较接近。因此，全量理论得到了广泛的应用。但是，其局限性表现在不能反映复杂的加载历史。

3.1.6　传热分析

塑性成形过程中，温度对材料的变形行为影响很大，同时，塑性变形与传热之间的相互影响，会进一步影响金属材料的微观组织变化，进而影响产品的力学性能。塑性成形工艺中，金属的传热主要包括与模具的接触热传导以及与环境的对流和辐射，如图 3.18 所示。

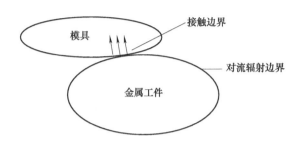

图 3.18　传热关系

金属塑性变形过程中，变形体内部所消耗的塑性变形功绝大部分转化为热能，而且变形体与模具和环境之间存在温度差，这使得变形体在塑性变形的同时，以各种形式与模具及周围环境进行热交换。因此，金属的塑性变形过程始终伴随着热量的产生和热量的传导，其内热源是由变形体的塑性变形能转化而来的。变形体瞬态温度场的场变量在直角坐标系中应满足固体传热过程的热平衡方程，即：

$$\rho c\,\frac{\partial T}{\partial t}=k\left(\frac{\partial^2 T}{\partial x^2}+\frac{\partial^2 T}{\partial y^2}+\frac{\partial^2 T}{\partial z^2}\right)+\dot{q}$$

$$\qquad\qquad\downarrow\qquad\qquad\qquad\downarrow\qquad\qquad\qquad\downarrow$$

$$\qquad\quad 热值\qquad\qquad\quad 热传导\qquad\qquad 内热$$

(3-41)

式中，ρ 为材料密度；c 为材料比热容；k 为材料的热导率；t 为时间；$\dot{q}$ 为内热源强度。

① 内热源强度。内热源强度是内热源在单位时间单位体积所释放的热量，可表示为：

$$\dot{q}=K\sigma\dot{\bar{\varepsilon}}$$

(3-42)

式中，σ、$\dot{\bar{\varepsilon}}$ 分别为等效应力和等效应变速率；K 为无量纲系数，是应变能转变为热能的百分比，一般 $K\approx0.9$。

② 与环境的对流。空气中的热对流是传热方式之一。

$$\dot{Q}=h(T-T_\infty)$$

(3-43)

式中，T 为零件温度；T_∞ 为环境温度；h 为热交换系数，不同工艺过程的热交换系数差异较大，如图 3.19 所示。

③ 辐射。热加工零件存在热辐射传热。

$$\dot{Q}=F\varepsilon\sigma(T^4-T_\infty^4)$$

(3-44)

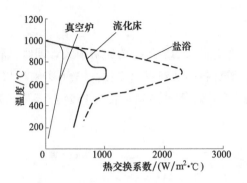

图 3.19　不同工艺过程的热交换系数

式中，F 为视角因子；ε 为辐射系数；σ 为斯特藩-玻尔兹曼（Stefan-Boltmann）常数；T 为零件温度；T_∞ 为环境温度。

高温情况下，辐射变得很重要。如图 3.20 所示为不同温度下的辐射和对流。

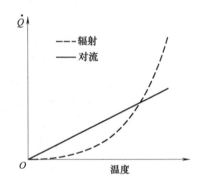

图 3.20　不同温度下的辐射和对流

④ 与其它物体接触的热量交换。塑性成形零件与接触的物体也存在热量交换。

$$Q = h(T_1 - T_2) \tag{3-45}$$

式中，h 为界面传热系数；T_1 和 T_2 分别为接触物体的温度。

3.1.7　模具应力分析

模具应力分析是通过模拟计算获得塑性成形过程中模具应力大小及其分布，图 3.21 为某模具的应力分析结果。模具应力分析的目的是寻求模具失效的根本原因，或者是在给定的塑性成形工艺设计中找到模具失效的可能区域。

根据米泽斯屈服准则，在一定的变形条件下，当受力物体内一点的等效应力达到某一定值时，模具开始进入塑性状态发生变形，当最大主应力超过材料许用应力值时，模具开裂失效。因此，模具应力分析主要分析等效应力和最大主应力。等效应力表征了每个部位单元体的应力情况，包含剪切力和正应力，而最大主应力则可以表征模具各个部位受拉应力的情况，如图 3.22 所示。

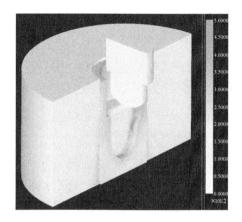

图 3.21　模具等效应力分布

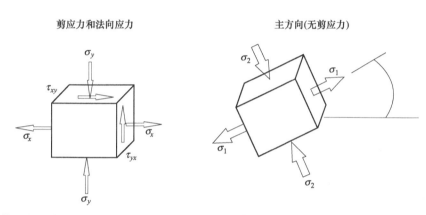

图 3.22　模具应力分析

　　塑性成形工艺模拟中，模具应力分析一般是在材料成形分析之后进行，分析时是将模具视为弹性体进行的。如图 3.23 所示，将模具设置为弹性体并进行网格划分，在此基础上进行分析。需要指出的是，模具应力分析时，除了与工件直接接触的凸模与凹模外，一般还需要考虑重要的间接模具零件，如应力圈、垫板等模具支承零件。

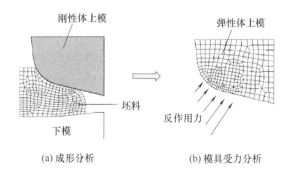

图 3.23　模具受力分析

3.2
塑性成形工艺有限元

3.2.1 塑性有限元法

金属塑性成形过程十分复杂，其分析方法主要可分为两大类。一类是解析计算方法，主要包括主应力法、滑移线法、界限法（包括上限法和下限法）、功平衡法等，但这种方法只适于简单的成形问题，对于稍微复杂的金属塑性成形问题，难以求得精确解。另一类是数值模拟方法，主要包括有限元法、有限差分法和边界元法。数值模拟采用一组数学方程和定解条件将实际过程抽象成理论模型，通过计算机求得该理论模型在不同条件下的数值解，以此推测在相应条件下所发生的实际过程。随着计算机硬件及相关软件技术的飞速发展，数值模拟方法越来越显示出其优越性。

数值模拟方法可以获得金属塑性成形过程中应力、应变，温度分布，成形缺陷等详尽的数值解。常用的数值模拟方法中，有限元法功能最强、精度最高、解决问题的范围最广。它不仅可以采用不同形状、不同大小和不同类型的单元离散任意形状的变形体，适用于任意速度边界条件，而且可以方便地处理模具形状、工件与模具之间的摩擦、材料的硬化效应、速度敏感性以及温度等多种工艺因素对塑性变形过程的影响，精确模拟整个金属成形过程的流动规律，获得变形过程任意时刻的力学信息和流动信息，如应力场、速度场、温度场以及预测缺陷的形成和扩展等。

金属塑性成形数值模拟中的有限元法大致可分为两类。一类是固体型塑性的弹塑性有限元法，这种方法同时考虑金属材料的弹性变形和塑性变形，既可以分析塑性成形的加载过程，又能分析卸载过程，包括计算工件变形后，内部的残余应力、应变，工件的回弹以及与模具的相互作用。该方法可分为小变形弹塑性有限元法和大变形弹塑性有限元法，其中，小变形弹塑性有限元法采用小变形增量来描述大变形问题，处理形式简单，但累积误差大，目前很少采用；大变形弹性有限元法以大变形（有限变形）理论为基础，同时考虑材料的物理非线性和几何非线性，因而理论关系较为复杂，且增量步长很小，计算效率较低。

另一类是流动型塑性有限元法。大变形金属成形问题中，有时可以忽略其中的弹性变形而仅考虑塑性变形。由于体积成形中工艺条件的差异而使金属材料呈现不同特性，典型的有刚塑性硬化材料和刚黏塑性材料。刚塑性硬化材料对应的有限元法习惯上称为刚塑性有限元法，这种方法适用于冷、温塑性体积成形问题，由于不需要考虑材料弹塑性状态的变化，所以可采用比弹塑性有限元法大的增量步长，从而减少计算时间，但是，该方法不能确定刚性区的应力、应变分布，也不能处理卸载问题。刚黏塑性材料模型对应的有限元法习惯上称为刚黏塑性有限元法，这种方法适用于热塑性体积成形问题，并且可以进行变形与传热的热力耦合分析。

实质上，刚塑性只是刚黏塑性的一个特例，因为在金属塑性成形中，弹性变形相对塑性变形而言是较小的，将之忽略可以使塑性成形过程的分析大为简化，因此，刚塑性有限元法在金属塑性成形中得到了广泛的应用。

3.2.2 黏塑性有限元

（1）基本理论

对速率敏感性材料的塑性加工，须采用黏塑性模型分析。刚黏塑性有限元法是刚塑性有限元法的扩展，在工程上，得到了很好的应用。目前，刚塑性有限元法已可以把材料的变形流动与热传导进行耦合分析。

很多材料塑性变形时，应变速率对流动应力有明显的影响。速率越高，流动应力越高，呈现出一种黏性特征，这些材料称为速率敏感材料。以钢为例，其低温下变形的流动应力主要受应变总量的影响，而在高温下加工的流动应力更多地依赖应变速率的大小，表现为速率敏感性。对于那些对应变速率敏感的材料，必须考虑其与时间相关的特性，因此引入了黏塑性理论。黏塑性理论早在 1922 年就已经提出，目前广泛使用的有 Perzyan 及 Cristescu 的黏塑性理论。

（2）刚黏塑性基本假设

金属成形过程中，材料塑性变形的物理过程极为复杂。为便于数学上的处理和简化计算，需要对材料性能和变形过程做一些必要的假设，采用刚黏塑性有限元法分析大变形塑性问题时的基本假设是：①忽略材料的弹性变形；②材料的体积不可压缩；③材料具有均质各向同性；④不计重力和惯性力等的影响；⑤忽略成形过程中的 Bauschinger 效应。

3.2.3 刚黏塑性材料的本构关系

（1）黏塑性基本模型

物体变形时，当应力达到某一临界值时，会发生屈服和流动现象。若变形速率与材料黏性有关，则称为黏塑性体。对于黏塑性体，有以下关系成立：

$$\sigma^p = \sigma \qquad （当 \sigma < Y 时）材料呈刚性 \tag{3-46}$$

$$\sigma^p = Y = \sigma - \sigma^v \qquad （当 \sigma \geqslant Y 时）材料呈黏塑性 \tag{3-47}$$

式中，σ^v 是黏性体的应力，取决于应变速率；Y 是静态流动应力，由总应变量（即加工硬化）决定。

可见，黏塑性流动的总应力一定超过材料的静态流动应力，此即"过应力"的概念。

（2）黏塑性材料的本构关系

本构关系旨在描述质点的作用力与变形历史和温度历史之间的联系，其一般形式为：

$$\sigma_{ij} = f_{ij} \tag{3-48}$$

式中，σ_{ij} 为应力张量；f_{ij} 是二阶对称张量。

对于黏塑性材料，采用米泽斯屈服准则，其屈服函数为

$$F=F(\sigma_{ij},\ \varepsilon_{ij},\ \dot{\varepsilon}_{ij})=\sqrt{J'_2}-K \tag{3-49}$$

式中包含了应变速率变量，J'_2 是偏应力张量的第二不变量，K 是与材料加工硬化性质有关的参数。

黏塑性本构关系有多种表达形式，但大部分是由"黏塑性势"的概念导出的。这里采用的是波兰学者 Perzyan 提出的黏塑性本构方程，即假定材料是刚黏塑性材料，并且每一变形增量步内满足小变形理论，其静力屈服函数为：

$$F(\sigma_{ij})=\frac{\sqrt{\dfrac{1}{2}}\,(\sigma'_{ij}\sigma'_{ij})^{1/2}}{K}-1 \tag{3-50}$$

式中，F 为材料的屈服准则函数；σ'_{ij} 为静力应力张量；K 为静态剪切屈服应力。

设 $\dot{\varepsilon}_{ij}^{vp}$ 为黏塑性应变率，它不包括弹性部分，只包括塑性应变和黏性应变，则

$$F\begin{cases} <0,\ \dot{\varepsilon}_{ij}^{vp}=0 & \text{(刚性状态)}\\ =0,\ \dot{\varepsilon}_{ij}^{vp}=0 & \text{(临界屈服)}\\ >0,\ \dot{\varepsilon}_{ij}^{vp}=0 & \text{(材料屈服)} \end{cases} \tag{3-51}$$

假定流动表面（后继屈服曲面）$F=0$ 是规则外凸，且存在一个黏塑性势 Q，则利用塑性势理论，将黏塑性应变率 $\dot{\varepsilon}_{ij}^{vp}$ 与 Q 关系表示为

$$\dot{\varepsilon}_{ij}^{vp}=\gamma\langle\varphi(F)\rangle\frac{\partial Q}{\partial\sigma_{ij}}=\gamma\langle\varphi(F)\rangle\frac{\partial F}{\partial\sigma_{ij}} \tag{3-52}$$

式中，γ 为材料的黏性系数。

$$\langle\varphi(F)\rangle=\varphi(F) \quad (F>0\ \text{时})\text{有黏塑性流动} \tag{3-53}$$

$$\langle\varphi(F)\rangle=0 \qquad (F=0\ \text{时})\text{无黏塑性流动} \tag{3-54}$$

则黏塑性材料的本构方程为：

$$\dot{\varepsilon}_{ij}^{vp}=\frac{3}{2}\frac{\dot{\overline{\varepsilon^{vp}}}}{\overline{\sigma}}\sigma'_{ij} \tag{3-55}$$

式中，$\dot{\varepsilon}_{ij}^{vp}$ 为黏塑性应变率；$\dot{\overline{\varepsilon^{vp}}}$ 为等效应变率；$\overline{\sigma}$ 为等效应力；σ'_{ij} 为应力张量分量。

表面上，黏塑性材料的本构关系与刚塑性本构关系似乎是一样的，但事实上，要产生黏塑性流动，必须满足黏塑性的屈服条件，此时的等效应力除了与材料性质、温度和变形程度有关，还必然与应变速率有关。金属塑性成形中，通常采用以下几种常见模型。

① 过应力模型。过应力模型的应力应变关系如下：

$$\overline{\sigma}=Y(\overline{\varepsilon})\cdot\left[1+\left(\frac{\dot{\overline{\varepsilon^{vp}}}}{\gamma}\right)^m\right] \tag{3-56}$$

式中，Y 为静态拉伸屈服应力；$\dot{\overline{\varepsilon^{vp}}}$ 为等效应变率；m 为材料常数；γ 为黏性系数。

过应力模型可用于各种温度下速度较高（爆炸成形除外）的成形过程分析。

② Backofen 拟黏塑性模型。Backofen 拟黏塑性模型的应力应变关系如下：

$$\overline{\sigma} = c\,(\dot{\overline{\varepsilon}})^n \tag{3-57}$$

式中，$\overline{\sigma}$ 为等效应力；c 和 n 为材料常数；$\dot{\overline{\varepsilon}}$ 为等效应变率。

此模型适用于金属高温成形。

③ Rosserd 模型。Rosserd 模型的应力应变关系如下：

$$\overline{\sigma} = k\,(\overline{\varepsilon})^n\,(\dot{\overline{\varepsilon}})^m \tag{3-58}$$

式中，$\overline{\sigma}$ 为等效应力；k、n、m 均为材料常数；$\overline{\varepsilon}$ 为等效应变；$\dot{\overline{\varepsilon}}$ 为等效应变率。

Rosserd 模型适用于室温及低于再结晶温度下的成形工艺分析。

④ Norton-Hoff 定律。Norton-Hoff 定律的应力应变关系如下：

$$\overline{\sigma} = K\,(\sqrt{3})^{m+1}\dot{\overline{\varepsilon}}^{\,m} \tag{3-59}$$

式中，$\overline{\sigma}$ 为等效应力；K 和 m 为材料常数；$\dot{\overline{\varepsilon}}$ 为等效应变率。

可以得到，当 $m=1$ 时，即牛顿流体，黏性系数 $\eta=K$；当 $m=0$ 时，即刚塑性材料的本构关系，其屈服应力 $\overline{\sigma}=\overline{\sigma}_0=\sqrt{3}\,K$；当 $0<m<1$ 时，是对热态金属的第一次近似，对于较普通的金属，$0.1\leqslant m\leqslant 0.2$，对于超塑性材料 $0.5\leqslant m\leqslant 0.7$。

⑤ Sellars-Tegart 定律。Sellars-Tegart 定律的应力应变关系如下：

$$\overline{\sigma} = \frac{1}{\alpha}\sinh^{-1}\left(\frac{\dot{\overline{\varepsilon}}}{A}\right)^m \tag{3-60}$$

式中，$\overline{\sigma}$ 为等效应力；α、A 为材料常数；$\dot{\overline{\varepsilon}}$ 为等效应变率。

（3）刚黏塑性变形的变分原理

刚黏塑性材料变形的边值问题可以描述如下：设在准静态变形的某一阶段，物体的形状、温度、材料参数等的瞬时值已经确定，在表面 S_v 上给定速度 $\underset{\sim}{v}^0$，另一部分表面 S_T 上给定表面力 $\underset{\sim}{T}^0$，则应力场和速度场的解满足平衡方程、协调方程以及体积不变方程。

解此边值问题，可利用 Hill 提出的关于黏塑性材料的变分原理。为讨论简单，以下讨论黏塑性问题时，对 $\dot{\varepsilon}_{ij}^{vp}$，略去上标，记为 $\dot{\varepsilon}_{ij}$。

按 Hill 的理论，若 σ'_{ij} 是 $\dot{\varepsilon}_{ij}$ 的单值函数，并且满足

$$\frac{\partial \sigma'_{ij}}{\partial \dot{\varepsilon}_{kl}} = \frac{\partial \sigma'_{kl}}{\partial \dot{\varepsilon}_{ij}} \tag{3-61}$$

则一定存在一个关于 $\dot{\varepsilon}_{ij}$ 的函数 E，使得

$$\sigma'_{ij} = \frac{\partial E}{\partial \dot{\varepsilon}_{ij}} \tag{3-62}$$

式中，函数 $E(\dot{\varepsilon}_{ij})$ 称为功函数，可按下式计算：

$$E(\dot{\varepsilon}_{ij}) = \int_0^{\dot{\varepsilon}_{ij}} \sigma'_{ij} \, \mathrm{d}\dot{\varepsilon}_{ij} = \int_0^{\dot{\bar{\varepsilon}}} \bar{\sigma} \, \mathrm{d}\dot{\bar{\varepsilon}} \tag{3-63}$$

Hill 已经证明，若满足条件

$$E(\dot{\underset{\sim}{\varepsilon}}^*) - E(\dot{\underset{\sim}{\varepsilon}}) \geqslant (\dot{\varepsilon}_{ij}^* - \dot{\varepsilon}_{ij}) \frac{\partial E}{\partial \dot{\varepsilon}_{ij}} \tag{3-64}$$

则此功函数 E 必是外凸函数。当忽略体积力时，下述关系成立

$$\int_V E(\dot{\underset{\sim}{\varepsilon}}^*) \mathrm{d}V - \int_{S_T} \underset{\sim}{T}^T \underset{\sim}{v}^* \, \mathrm{d}S \geqslant \int_V E(\dot{\underset{\sim}{\varepsilon}}) \mathrm{d}V - \int_{S_T} \underset{\sim}{T}^T \underset{\sim}{v} \, \mathrm{d}S \tag{3-65}$$

式中，$\dot{\underset{\sim}{\varepsilon}}$ 和 $\underset{\sim}{v}$ 为应变率和速度场的真实解，带 "$*$" 号者是容许值。

根据变分原理，问题的求解就是求泛函

$$\Pi = \int_V E(\dot{\underset{\sim}{\varepsilon}}) \mathrm{d}V - \int_{S_T} \underset{\sim}{T}^T \underset{\sim}{v} \, \mathrm{d}S \tag{3-66}$$

相对于容许速度场的极小值，即条件 $\delta \Pi = 0$ 所得到的速度场必为问题的真解，同时速度场满足体积不可压缩条件。

3.2.4 塑性有限元求解过程

塑性成形计算过程中，有限元理论的原理是把问题分成容易表述的子问题，将整个问题划分后，再仔细地结合起来，然后解决。划分问题的方式其实就是网格划分过程。图3.24 是一个轴对称体在两个平板模具间镦粗的实例，网格已经叠在工件图形上（图中的网格仅是示意，实际计算网格更细密），这个网格是代表工件变形的网格。每个矩形代表材料的一部分，在这种情况下，每个矩形对应一个环，利用式（3-65）和式（3-66）的方程可以很容易地求解。每个矩形被称为元素或者单元，任何网格线的交集称为节点。单元对应于材料区域，节点对应于空间中的离散点。

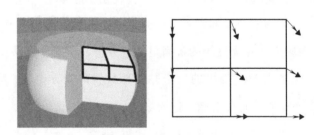

图 3.24　镦粗实验的有限元

式（3-65）和式（3-66）的解是每个节点的速度，如图 3.24 右侧的矢量箭头所示。除了方程外，还应指定边界条件。在该问题求解中，模具的向下速度以及工件与模具之间的摩擦模型决定节点顶部的速度。模具左侧的边界条件指定为中心线条件，这意味着不允许节点向右或向左移动。底部节点也具有对称条件，这意味着它们不允许向上或向下移动。

虚功率方程（work rate equation）

$$\pi = \int_V \bar{\sigma}\dot{\bar{\epsilon}}\,\mathrm{d}V - \int_S F_i u_i\,\mathrm{d}S \tag{3-67}$$

式中，$\bar{\sigma}$ 为等效应力；$\dot{\bar{\epsilon}}$ 为等效应变；F_i 为受力；u_i 是速度场。

$$\delta\pi = \int_V \bar{\sigma}\delta\dot{\bar{\epsilon}}\,\mathrm{d}V - \int_S F_i\delta u_i\,\mathrm{d}S + K\int_V \dot{\epsilon}_V\delta\dot{\epsilon}_V\,\mathrm{d}V = 0 \tag{3-68}$$

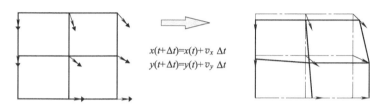

塑性　　　　　　摩擦　　　　　　体积改变

确定节点的速度后，需要更新其坐标。更新节点坐标的方式是通过积分获得当前步骤的时间步长速度。如图 3.25 所示中，节点位置显示为上一阶段的更新。

$x(t+\Delta t)=x(t)+v_x\,\Delta t$
$y(t+\Delta t)=y(t)+v_y\,\Delta t$

图 3.25　计算后更新节点坐标

这里对如何在离散点集上求解式（3-63）和式（3-64）进行分析。因为节点值只在离散位置定义速度，因此，将单元上的形状函数定义为提供满足兼容性要求的速度场（在整个身体上是连续的）。图 3.26 显示了形状函数的一般方程，其目的是根据节点速度定义单元上的速度剖面。该图显示了一个一维情况，它是一个简单的线性函数。这种形式的方程的优点是，当任何共享元素边缘的相同节点定义该边界上的速度时，就会保持兼容性。

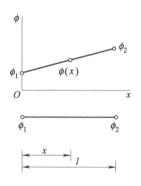

图 3.26　一维形状函数描述

一般形状函数方程

$$\varphi = \sum N_i\phi_i \tag{3-69}$$

式中，ϕ_i 为所在结点的坐标；N_i 为该结点处的位移。

图 3.27 显示了二维单元的情况。

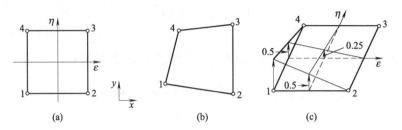

图 3.27 二维形状函数描述

$$\phi(x) = N_1\phi_1 + N_2\phi_2$$

$$\phi(x) = \frac{x}{l}\phi_1 + \frac{l-x}{l}\phi_2 \tag{3-70}$$

网格单元（元素）的所有方程给出后，必须合并成一组联立方程。这个过程如图 3.28 所示。最后，采用牛顿-拉弗森迭代法，通过求解一组联立方程组解出新的速度，并将其应用到当前的速度更新中，并再次循环求解下一步骤的速度。

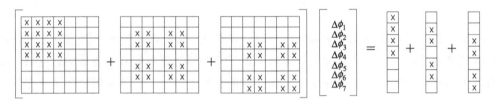

图 3.28 速度求解矩阵

以上求解过程形式上可以总结为图 3.29 的形式。

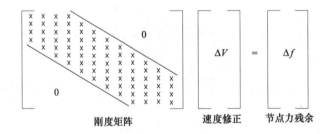

图 3.29 速度求解形式

具体求解过程如下：①输入几何模型和过程参数；②生成速度场初值，并进行单步执行；③求解基于速度场或是其它变量（应变、温度）的单元方程；④计算基于速度场的力边界条件；⑤求解总矩阵方程；⑥计算误差；⑦如果误差不满足条件，修正速度场并执行第③步；否则顺序执行第⑧步；⑧几何模型更新；⑨计算本步内温度的变化；⑩如果需要，则计算新的压机速度；⑪如果达到停止标准，计算结束；否则执行第三步然后重复此过程。

3.3
塑性成形工艺模拟应用

3.3.1 塑性成形工艺计算机模拟

计算机模拟技术的应用给塑性成形的研究方法带来新的革命，它的迅速、准确以及成本低廉为塑性成形工艺的确定和优化提供了机遇，能够有效帮助设计人员优化工艺参数和模具设计，减少模具的前期开发费用，减少设计人员的工作量，从而有利于缩短模具的设计开发周期。

塑性成形工艺计算机模拟的主要功能是利用软件对塑性成形的应力、应变进行模拟分析，解决复杂塑性成形问题，如弯曲、拉深、成形等典型板料冲压工艺，以及镦粗、挤压等体积成形过程。如图3.30所示为一些特殊的成形工艺计算机模拟。

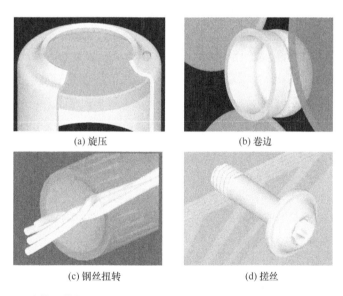

(a) 旋压　　　　　　　　　　(b) 卷边

(c) 钢丝扭转　　　　　　　　(d) 搓丝

图3.30　塑性成形工艺计算机模拟

计算机模拟可以预测塑性成形过程中裂纹、起皱、折叠、充不满、减薄失稳等缺陷。如图3.31所示为压力阀挤压成形工艺，可以准确预测零件成形过程出现的材料吸入（suck）问题。

计算机模拟可对塑性成形工艺进行分析优化，从而为模具设计提供帮助。如图3.32所示为对某产品进行工艺优化的过程，（a）为直接成形，（b）增加了预成型，（c）和（d）

(a) 计算机模拟　　　　　　　　(b) 实验结果

图 3.31　压力阀挤压

分别为改进预成型和进一步优化预成型后的产品成形工艺，成形载荷获得了很大程度的降低。

(a) 无预成型(载荷20900kN)　　　　　　(b) 增加预成型(载荷6250kN)

(c) 改进预成型(载荷5500kN)　　　　　　(d) 优化预成型(载荷5150kN)

图 3.32　成形工艺优化和载荷预测

3.3.2　档位齿轮成形工艺计算及优化

（1）产品及工艺分析

产品为摩托车档位齿轮，产品外表面是渐开线齿，内孔是花键齿，两端分别有 4 个异形齿爪，材料为 20CrMoTi，锻件图如图 3.33 所示。齿轮的技术参数：模数 $m=1.75$，压力角 $\alpha=20°$，齿数 $z=20$。两端齿爪的同轴度误差不大于 $\pm0.1mm$，齿爪的凹圆角半径不大于 $R3$，未注尺寸公差 IT14。根据产品的精度，考虑到成材率、制造成本和效率等因素，对产品结构技术工艺进行分析。

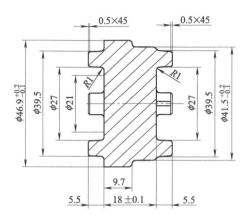

图 3.33　锻件图

（2）成形数值分析

　　为保证工艺的可行性和合理性，并对工艺进行优化，采用塑性成形有限元软件（DE-FORM-3D）对工艺进行模拟，考虑坯料的弹性变形远远小于其塑性变形，这里采用刚塑性模型。首先考虑凸模、凹模全部采用整体式，如图 3.34 所示，推出装置略。该工艺的优点为：①模具整体强度高，安装容易，维护更换方便。②凹模圆角处可根据产品需要加工成圆角，在此处形成较强的三向压应力状态，便于材料的流动和齿部的充满。

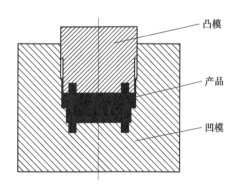

图 3.34　整体式凹模示意图

　　成形材料：20CrMnTi；成形温度：820℃；成形速度：16mm/s；摩擦模型为剪切摩擦，摩擦系数为 0.25，零件成形终了时的等效应力如图 3.35 所示。等效应力的最大值在零件的飞边处，飞边越高，应力越大，因而阻止了材料的流动，促使金属充满模具型腔，在零件的齿爪根部圆角处的等效应力也很大，而且圆角越小，应力越大。

　　图 3.36 为成形过程的负载曲线，该曲线大概分为四个阶段：第一阶段，从上模接触坯料开始，到完全接触坯料为止，变形力从 0 迅速上升到 250kN 左右；第二阶段，从上模完全接触坯料开始到圆柱体部分的镦粗成形基本结束为止，变形抗力在较大的行程内基

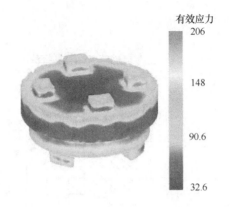

图 3.35　等效应力

本保持不变，从 250kN 增加到 450kN 左右；第三阶段，齿爪的基本成形和圆柱体的最终成形，行程不大，变形抗力增加很快，从 450kN 增加到 850kN 左右；第四阶段，成形终了阶段，行程小，变形抗力急剧增加，从 850kN 迅速增加到 2200kN 左右。

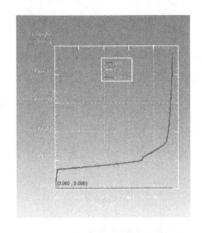

图 3.36　负载曲线

（3）模具应力及结构优化

对工艺进行有限元分析，材料流动合理，但凹模和凸模结合齿部分的应力集中非常严重，模具等效应力分布如图 3.37 所示，从图中可以看出，模具寿命极短，如果采用整体式凹模，由于局部的严重磨损容易导致产品尺寸超差，生产过程将会频繁地进行凹模的更换，成本极高。

优化方案为：对模具结构进行优化，采用镶拼结构，凹模工作部分如图 3.38 所示，与整体凹模结构比较，优化后的模具结构改变了模套的受力状况，受力最严重的地方，做成了镶拼结构，当磨损达到一定程度需要更换凹模时，只需更换相关的部分即可，大大节约了昂贵的模具钢材料并降低了修模成本。

（4）成形工艺优化与实验研究

从材料流动规律来看，凹模镶块底部拼接形成一个直角，材料在此部分的应力状态为

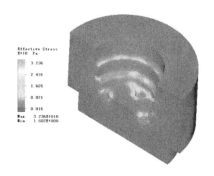

图 3.37　整体式凹模模具等效应力分布

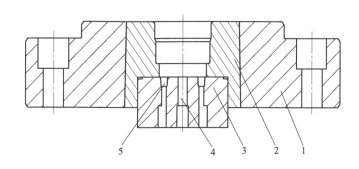

图 3.38　组合凹模结构

1—预应力圈；2—凹模；3—凹模镶块；4—顶料杆；5—齿爪镶块

两压一拉，流动状态不如整体式凹膜，而成型工艺能否实现主要看材料最终能不能充满，如果可以充满，则此工艺可以采用。根据产品的特点，这里设计一种增压结构，图 3.39 为增压结构示意图，上顶出杆端面为有一定锥度的旋转面。成形初期，上顶出杆 7 端面伸出凸模 1 的端面，随成形过程的进行，成形压力逐渐上升，当上顶出杆上的成形力超过了上端碟形弹簧的作用力 F 时，杆 7 开始逐渐回退。

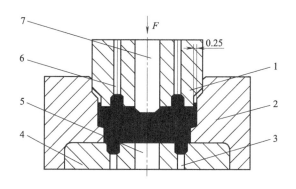

图 3.39　模具分流结构

1—凸模；2—凹模；3—下齿爪镶块；4—凹模镶块；5—下顶出杆；6—上齿爪镶块；7—上顶出杆

这种结构的优点是：①增强材料变形的三向压应力，有助于锻件齿形部分的聚料和齿爪部分的充满。②容纳多余金属。成形后期，成形压力迅速上升，顶出端超过预压力回退，实现多余材料的分流作用。

图 3.40 为最终成形工艺结果，其中图 3.40（a）为模拟结果，齿部填充良好，工艺可行，在给定的工艺参数条件下，零件成形没有缺陷产生。制作了模具进行生产试验，在3150kN 液压机上进行工艺实验，其成形结果与数值模拟相吻合，成形零件如图 3.40（b）所示。

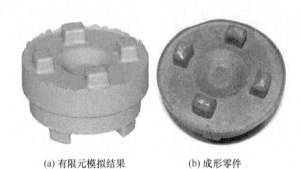

(a) 有限元模拟结果   (b) 成形零件

图 3.40　最终成形工艺

第**4**章

金属断裂行为数值模拟
及应用

4.1
金属的断裂

4.1.1　材料的断裂

断裂是材料或构件力学性能的基本表征。根据断裂前发生的塑性变形的大小，可以把材料的断裂分为脆性断裂和延性断裂两类。循环载荷作用下的疲劳断裂、高温下的蠕变断裂以及环境作用下的应力腐蚀断裂，均可表现为脆性断裂和延性断裂。

（1）脆性断裂

脆性断裂是指构件未经明显的变形而发生的断裂。例如，玻璃断裂前不发生任何塑性变形，是典型的脆性断裂；而金属的断裂总伴随着塑性变形，所以金属的脆性断裂只是相对而言，如单向拉伸时，延伸率小于5%的断裂即为脆性断裂。从微观角度分析，脆性断裂是沿垂直于应力方向的原子面撕裂，如图4.1所示。

脆性断裂的断面光亮，破断面和拉应力接近于正交，断口平齐，如图4.2所示。

（2）延性断裂

延性断裂是伴随明显塑性变形而形成延性断口的断裂，如单向拉伸时，延性断裂的延伸率大于5%。从微观角度分析，延性断裂会沿滑移面发生滑移变形而破坏，出现细颈现象，如图4.3所示。

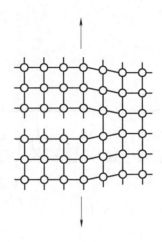

图 4.1　脆性断裂微观原子

图 4.2　脆性材料断口

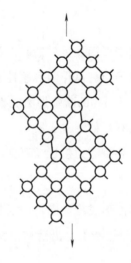

图 4.3　延性断裂微观原子

延性断裂的具体表现形式有以下几种：一种是切变断裂，例如密排六方金属单晶体，其断面就是滑移面，如图 4.4（a）所示；另一种是在塑性变形后出现细颈，一些塑性非常好的材料（如金、铅、铁的单晶体等），断面收缩率几乎达到 100%，可以拉伸至一点才断开，如图 4.4（b）所示。对于一般的金属，断裂从试样中心开始，然后沿图 4.4（c）所示的虚线断开，形成杯锥状断口，在破断面上呈灰色，肉眼可看到纤维状，所以称为纤维断口。如图 4.4（d）所示的为平面断口，几乎未产生局部收缩，断面收缩率较小，高碳钢延性断裂时常出现此种情况。

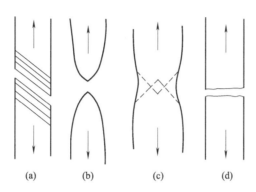

(a)　　　　(b)　　　　(c)　　　　(d)

图 4.4　金属拉伸延性断裂类型

　　多晶体金属断裂时，依据裂纹扩展路径的不同，断裂方式可分为穿晶断裂和沿晶断裂，如图 4.5 所示。其中，穿晶断裂如图 4.5（a）所示，既可为脆性断裂（如低温下的穿晶断裂），也可以是韧性断裂（如室温下的穿晶断裂）。沿晶断裂如图 4.5（b）所示，是由晶界上的一薄层连续或不连续脆性第二相、夹杂物破坏了晶界的连续性所造成的，也可能是由杂质元素向晶界偏聚所引起的。沿晶断裂一般为脆性断裂，应力腐蚀、氢脆、回火脆性、淬火裂纹、磨削裂纹都是沿晶断裂。有时沿晶断裂和穿晶断裂可能混合发生。

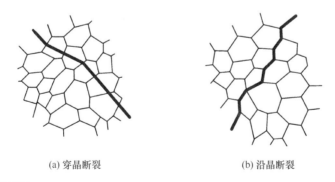

(a) 穿晶断裂　　　　　　　　(b) 沿晶断裂

图 4.5　断裂方式示意图

　　按断裂机制不同，断裂又可分为解理断裂与剪切断裂两类。解理断裂是金属材料在一定条件下（如体心立方金属、密排六方金属、合金处于低温或冲击载荷作用），当外加正应力达到一定数值后，以极快速率沿一定晶体学平面的穿晶断裂。解理面一般是低指数或表面能最低的晶面，如图 4.6 所示为 α 铁（体心立方晶格）的（100）解理面。对于面心立方金属（如铝），一般情况下不发生解理断裂，但在非常苛刻的环境条件下也可能产生解理破坏。通常，解理断裂总是脆性断裂，但脆性断裂不一定是解理断裂。

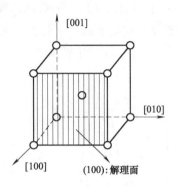

图 4.6 α 铁的（100）解理面

剪切断裂是金属材料在切应力作用下，沿滑移面分离而造成的滑移面分离断裂，可分为滑断（又称切离或纯剪切断裂）和微孔聚集型断裂。纯金属尤其是单晶体金属常发生滑断断裂。而钢铁等工程材料多发生微孔聚集型断裂，如低碳钢拉伸所致的断裂即为此种断裂，是一种典型的韧性断裂，延性断裂多由切（剪）应力引起，是沿滑移面发生滑移变形而形成的，如图 4.7 所示为 α 铁（体心立方晶格）的（110）滑移面。

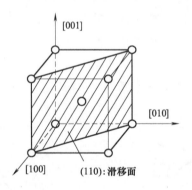

图 4.7 α 铁的（100）滑移面

4.1.2 塑性成形金属的断裂

（1）镦粗饼材时侧面的纵裂

镦粗塑性较低的钢或合金饼材时，常出现如图 4.8 所示的侧面纵裂。产生这种裂纹的主要原因是镦粗饼材时鼓形处受环向拉应力。锻压温度过高时，由于晶粒间的强度大大削弱，常产生晶粒边界拉裂，其裂纹和环向拉应力方向近于垂直，如图 4.8（a）所示。锻压温度较低时，常出现穿晶切断，其裂纹和环向拉应力方向接近于成 45°角，如图 4-8（b）所示。

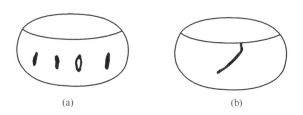

（a）   （b）

图 4.8　镦粗饼材侧裂

（2）拔长或轧制时产生的裂纹

① 平锤头锻压方坯时产生 X 形内裂。锻压时，由于方坯需要不停的翻转锻造，其金属流动会在对角线方向发生错动，每翻转 90°，金属错动方向改变。在反复激烈的错动下，最终导致从坯料的对角线处开裂。裂口内壁是光滑的，说明裂口是错裂的。如果坯料断面中心钢质不好（如钢锭断面中心常常是杂质聚积、疏松和容易过烧的部位），便首先从中心部产生对角十字裂口，如图 4.9（a）所示；如果坯料角部薄弱，便首先从接近角部的对角线处开裂，如图 4.9（b）所示。

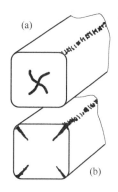

图 4.9　平锤头锻压方坯时 X 形内裂

② 平锤头锻压圆锭时产生的内裂。锻压圆锭时，相当于压缩厚件，但由于外端的拉齐作用，使工件中心产生附加拉应力。若用平锤头进行旋转锻造圆坯时，便会在坯料中心处产生如图 4.10（a）所示的放射状裂纹；若用平锤头由圆锭进行 90°翻转锻造成方坯时，便可能在坯料之中心处产生如图 4.10（b）所示的横竖十字裂口。

③ 锻压延伸及轧制时产生的内部横裂。实验表明，锻压延伸中当送进量 l 与件厚 h 之比 $l/h < 0.5$ 时，便在断面中心部产生纵向拉应力，在此拉应力的作用下便会产生横裂，如图 4.11 所示。这种横裂一般在坯料内呈周期性出现，裂纹一出现，之前产生的拉应力解除，然后拉应力再积累，再拉裂。若断面中心处钢质不好，则容易产生轴芯过烧，更容易产生裂纹。在一个方向多次锤击，这种横裂有时会扩展到侧表面。

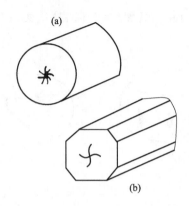

图 4.10　平锤头锻压圆锭时裂纹

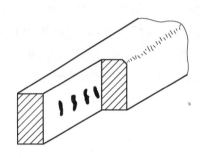

图 4.11　延伸及轧制时的横裂

④ 锻压延伸及轧制时产生的角裂。锻压延伸及轧制时，坯料未及时倒棱，角部温降大，产生拉伸热应力。角部变形抗力大，延伸小，产生附加拉应力，会发生角裂，如图4.12 所示。

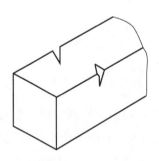

图 4.12　延伸及轧制时的角裂

⑤ 锻压延伸及轧制时产生的端裂。在锻压延伸及轧制时，由于锤击过重，导致端面鼓形严重，外表面受拉力作用，在此拉力的作用下，轧件端面开裂，如图4.13所示。

⑥ 轧板时的边裂和薄件的中部裂。板材轧制工艺过程中，凸辊轧制时，由于边部受纵向附加拉应力，出现边裂，如图4.14（a）所示。凹辊轧制时，由于中部受纵向附加拉应力，出现中部裂口，如图4.14（b）所示。

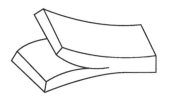

图 4.13 延伸及轧制时的端裂

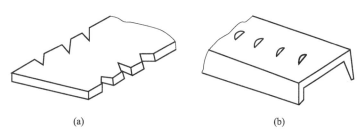

(a)   (b)

图 4.14 轧板时的边裂和中部裂

（3）挤压和拉拔时产生的断裂

① 挤压时的竹节状裂纹。挤压时，在挤压材的表面常出现如图 4.15 所示的断裂，严重时会出现竹节状裂口。这种裂口的产生与挤压时金属的流动特点有关。挤压时，由于挤压缸和模孔的摩擦力的阻滞作用，使挤压件表面层流动慢，内层流动快，在外端作用下，使金属各层的延伸"拉齐"，于是在挤压材的外层受纵向附加拉应力，致使表面变形。

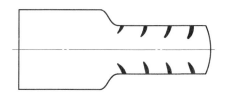

图 4.15 挤压时的竹节状裂纹

② 拉拔时的内裂。拉拔加工过程中，金属变形的不均匀，导致芯部承受的拉应力最大，中间层次之，表面最小。如果模具工作区角度过大或润滑不良，表层与芯部承受的拉应力差距将进一步增大。同时，线材芯部组织结构难免存在疏松、空穴或夹杂等缺陷。此外，拉拔总减面率或道次减面率偏大，丝材剩余塑性不足。种种因素累加，造成丝材芯部出现内裂，如图 4.16 所示。

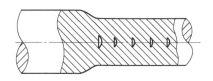

图 4.16 拉拔时的内裂

4.1.3 断裂机理

（1）断裂强度

① 理论断裂强度。理想晶体在正应力作用下沿某一原子面被拉断时的断裂强度，主要取决于原子间结合力对断裂的抗力。假设晶体是理想的和完整的，则理论断裂强度 σ_m 应为在外加正应力作用下，将晶体的两个原子面沿垂直于外力方向拉断所需的应力。

原子间作用力与原子间距（X）的关系如图 4.17 所示。当 $X < X_m$ 时，随外力的增加，原子间距 X 增加，原子间的结合力增加；当 $X > X_m$ 时，随外力增加，原子间距 X 也增加，原子间的结合力减少直至为 0，最后导致断裂；当 $X = X_m$ 时，原子间结合力最大为 σ_m，当外力 P 使得 $\sigma > \sigma_m$ 时，导致晶体断裂，称 σ_m 为理论断裂强度。

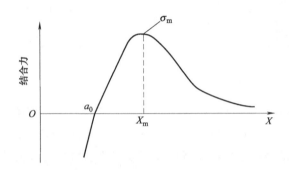

图 4.17　原子间作用力与原子间距的关系

理论断裂强度 σ_m 的估算公式为：

$$\sigma_m = \left(\frac{E\gamma_s}{a_0} \right)^{\frac{1}{2}} \tag{4-1}$$

式中，E 为弹性模量；γ_s 为单位面积的表面能；a_0 为原子间平衡距离。

对于一般的金属材料，按式（4-1）计算得到的理论断裂强度 $\sigma_m \approx 2000\text{kg/mm}^2$，这比实验测量值高几个数量级，与实际情况严重不符。

② Griffith 的裂口理论。英国的物理学家 Griffith（格里菲斯）认为：材料中原始就存在某种细小的裂纹或缺陷，在外力作用下，这些裂纹和缺陷附近就会产生很大的应力集中，在平均应力未达到 σ_m 时，缺陷处的应力集中已超过 σ_m，从而使裂纹得以逐步发展，并导致实际断裂强度大大降低。同时，Griffith 还认为：对于一定尺寸的裂口存在一个临界应力值 σ_c，当应力 $\sigma < \sigma_c$ 时，裂口不能扩大；当应力 $\sigma > \sigma_c$ 时，裂口才能迅速扩大，并导致断裂。

若在板中心割开一个垂直应力 σ 的长度为 $2a$ 的裂纹，则原来弹性拉紧的弹性能 U_e、裂纹产生新表面所需要的表面能 W 会随裂纹扩展尺寸而变化，如图 4.18 所示。

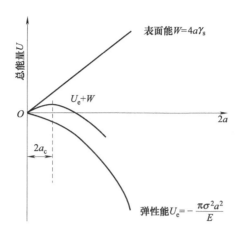

图 4.18　裂纹扩展尺寸与能量变化关系

实际材料中存在裂纹，当外应力很低时，裂纹顶端因应力集中而使其局部应力增高，当该应力达到理论断裂强度 σ_m 时，裂纹扩展，材料发生脆断。

因此，当 $\dfrac{\partial U}{\partial a}=0$ 时，Griffith（格雷菲斯）公式为：

$$\sigma_c=\left(\frac{2E\gamma_s}{\pi a}\right)^{1/2} \tag{4-2}$$

式中，E 为弹性模量；γ_s 为单位面积的表面能；a 为半个椭圆裂口的长度。

可见，裂口传播的临界应力与裂口长度的平方根成反比。对于非晶体或脆性材料（如玻璃、石英等），Griffith 裂口理论比较合适。

③ Griffith-Orowan 修正公式。格雷菲斯（Griffith）裂纹理论未能反映塑性变形在断裂中的作用，因此需加以适当的补充和修正才适用于金属断裂问题。

Griffith-Orowan 修正公式如下：

$$\sigma_c=\left[\frac{2E(\gamma_s+\gamma_p)}{\pi a}\right]^{1/2} \tag{4-3}$$

式中，E 为弹性模量；γ_s 为单位面积的表面能；a 为半个椭圆裂口的长度；γ_p 为裂缝扩展时单位面积所需的塑性功。

由于 $\gamma_s \ll \gamma_p$，因此 γ_s 可忽略不计。所以，式（4-3）可改写为：

$$\sigma_c=\left(\frac{2E\gamma_p}{\pi a}\right)^{1/2} \tag{4-4}$$

（2）裂口的成核机制

关于裂口成核机制，从位错理论出发，研究者曾提出过多种设想，通常都是假定在应力作用下刃型位错的合并可以构成裂口的胚芽，如图 4.19 所示。

目前，常见的成核机理主要有以下几种：

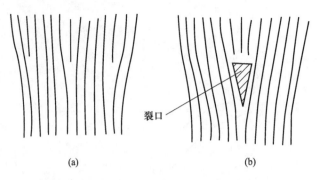

图 4.19　同号刃型位错合并成裂口的胚芽

　　① 位错塞积机理：位错沿某一滑移面移动受阻，在障碍物前塞积，产生极大的应力集中，形成裂口。

　　② 位错反应机理：位错发生反应生成不易移动的新位错，使位错塞积，产生大的应力集中，形成裂口。

　　③ 位错消毁机理：在两个滑移面间距 $h<10$ 个原子层的滑移面上，有着不同号的刃型位错，在切应力作用下，它们相遇、相消，产生孔穴，剩余的同号刃型位错进入穴中，造成严重的应力集中，形成裂口。

　　④ 位错墙侧移机理：由于位错墙一部分侧移，使滑移面产生弯折，形成裂口。

　　（3）韧性断裂的形成过程

　　图 4.20 给出了延性断裂发展的各个阶段。拉伸变形中，存在加工硬化等现象，材料内部出现拉应力，如图 4.20（a）所示；材料中晶粒内部存在大量的显微空洞，如图 4.20（b）所示，这些空洞是由于材料中位错堆积、第二相粒子或其它缺陷产生的；随着变形的进行，这些空洞长大，如图 4.20（c）所示；空洞聚结形成裂纹，如图 4.20（d）所示；裂口沿垂直于拉伸方向发展，直到接近于试样表面，最终形成断裂，如图 4.20（e）所示。

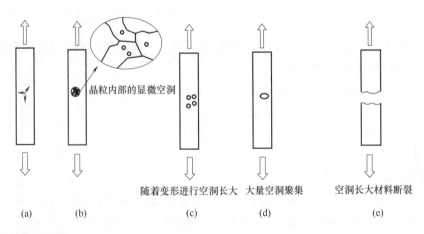

图 4.20　材料断裂过程

4.2
断裂分析方法

4.2.1　破裂分析

破裂分析的理论基础主要有损伤理论和塑性变形局部化理论。

（1）损伤理论

断裂损伤力学是固体力学的一个分支，是断裂力学和损伤力学的简称。断裂力学研究含裂纹固体物体的强度和裂纹扩展规律，它采用均匀性假设，且假设仅在材料缺陷处不连续。采用损伤力学方法分析变形中空洞的萌生、长大和连接，最后导致宏观断裂的过程，应该与微观分析相结合。

图 4.21 为轴承环变薄拉深工艺计算机模拟和实验结果，其中，图 4.21（a）为有限元模型；图 4.21（b）为损伤模拟结果，底部损伤最严重。结果表明：最后一道凹模内径与倒数第二道凹模内径应控制在 0.40mm 以内，同时，凸模圆角半径 $R \geqslant 2$mm，否则凸模圆角处应力高，损伤严重，容易发生断裂。如图 4.21（c）为凸模圆角半径 $R < 2$mm 时的结果，拉深件穿底，不能完成变薄拉深成形过程。

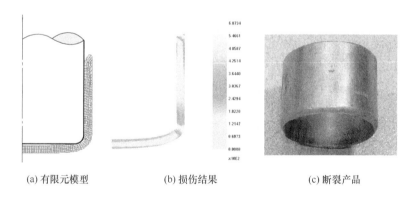

(a) 有限元模型　　　　(b) 损伤结果　　　　(c) 断裂产品

图 4.21　轴承环变薄拉深损伤分析

（2）塑性变形局部化理论

无论是单晶体、多单体或非晶体材料，其延性都受到应变局部化（应变集中）的限制，这说明采用连续介质力学方法研究变形局部化问题是适宜的。当然，材料微观组织的不均匀性以及结构本身的初始缺陷等，对于触发变形的局部化有重要影响，也就是说，变形局部化迟早是要发生的，但何时发生则受材料和结构的不均匀性的影响。

变形局部化主要有缩颈和剪切带两种形式，其中，剪切带的产生是一种典型的分岔现象。

在高速的塑性变形过程中，由于塑性变形功转化成的热量来不及扩散，会造成绝热剪切带。

4.2.2 金属可成形性的经验准则

（1）塑性功准则

总塑性功是对材料塑性变形程度的一种衡量方法，在体积成形领域，基于总塑性功的准则广泛应用于韧性断裂的预测，后来也引入到了板料成形领域。

$$\int_0^{\bar{\epsilon}_f} \bar{\sigma} \mathrm{d}\bar{\epsilon} = A \tag{4-5}$$

式中，$\bar{\epsilon}_f$ 为总塑性应变；$\bar{\sigma}$ 为等效应力；$\bar{\epsilon}$ 为等效应变；A 为由材料和加工方式确定的常数，它表示材料的成形极限。

（2）最大拉伸功准则

最大拉伸功准则也是从宏观力学出发提出的。

$$\int_0^{\bar{\epsilon}_f} \sigma_\tau \mathrm{d}\bar{\epsilon} = B \tag{4-6}$$

式中，$\bar{\epsilon}_f$ 为总塑性应变；σ_τ 为最大拉应力；$\bar{\epsilon}$ 为等效应变；B 为与材料和加工方式有关的常数。

式（4-6）中计入静水应力的影响，得到的修正准则为：

$$\int_0^{\bar{\epsilon}_f} \frac{\sigma_\tau \mathrm{d}\bar{\epsilon}}{3(\sigma_\tau - \sigma_H)} = C \tag{4-7}$$

式中，σ_H 为静水应力；C 为材料临界值。

以上两种准则中，式（4-5）与实验结果更为吻合。

（3）Osakada 等人提出的半经验准则

Osakada 等人对钢材冷锻破裂的发生条件和破裂应变做了大量研究，总结了以下准则。

$$\int_0^{\bar{\epsilon}_f} (\bar{\epsilon} + a\sigma_H - b) \mathrm{d}\bar{\epsilon} = c \tag{4-8}$$

式中，$\bar{\epsilon}_f$ 为总塑性应变；$\bar{\epsilon}$ 为等效应变；a、b、c 均为由实验确定的常数；σ_H 为静水应力；$\bar{\epsilon} + a\sigma_H - b$ 的结果在大于 0 时取实际值，小于等于零时取 0。

4.3
延性断裂准则

4.3.1 常见延性断裂准则

直至目前，最有效的预测金属成形过程中延性断裂的方法是通过研究材料的应力应变历史，建立合理的局部断裂判断准则。利用延性断裂准则方法预测塑性成形中的材料破坏始于 20 世纪 40 年代，这些断裂准则主要是基于应力、应变或应变速率综合考虑而提出的，也有很多学者结合各自的研究成果提出了自己的断裂准则。

（1）Rice & Tracery

1969 年，Rice 和 Tracery 提出了三向应力作用下材料的延性断裂准则为：

$$\int_0^{\bar{\varepsilon}_f} \exp\left(1.5\frac{\sigma_H}{\bar{\sigma}}\right) d\bar{\varepsilon} = C_1 \tag{4-9}$$

式中，$\bar{\varepsilon}_f$ 为总塑性应变；$\bar{\sigma}$ 为等效应力；σ_H 为静水压力；$\bar{\varepsilon}$ 为等效应变；C_1 为材料临界值。

（2）Freudenthal

Freudenthal 以单位体积塑性功为参数，建立的判断材料大变形时的延性断裂准则为：

$$\int_0^{\bar{\varepsilon}_f} \bar{\sigma} d\bar{\varepsilon} = C_2 \tag{4-10}$$

式中，$\bar{\varepsilon}_f$ 为总塑性应变；$\bar{\sigma}$ 为等效应力；$\bar{\varepsilon}$ 为等效应变；C_2 为材料临界值。

这之后的 10～20 年时间内，许多学者都是在此断裂准则的基础上提出了其它准则。

（3）Cockroft & Latham

1968 年，Cockroft 和 Latham 提出的断裂准则为：

$$\int_0^{\bar{\varepsilon}_f} \frac{\sigma_1}{\bar{\sigma}} d\bar{\varepsilon} = C_3 \tag{4-11}$$

式中，$\bar{\varepsilon}_f$ 为总塑性应变；σ_1 为最大主应力；$\bar{\sigma}$ 为等效应力；$\bar{\varepsilon}$ 为等效应变；C_3 为材料临界值。

（4）Atkins

Atkins 在韧性准则中考虑了应力增量沿应变的积分。

$$\int_0^{\bar{\varepsilon}_f} \left(\frac{1+1/2L}{1-c\sigma_H}\right) d\bar{\varepsilon} = C_4 \tag{4-12}$$

式中，$\bar{\varepsilon}_f$ 为总塑性应变；L 为应变增量比；c 为常数（取 0.7GPa^{-1}）；σ_H 为静水压力；$\bar{\varepsilon}$ 为等效应变，C_4 为材料临界值。

（5）Oyane

1972 年，Oyane 提出了描述可压缩材料的延性断裂判断准则：

$$\int_0^{\bar{\varepsilon}_f} \left(1+A\frac{\sigma_H}{\bar{\sigma}}\right) d\bar{\varepsilon} = C_5 \tag{4-13}$$

式中，$\bar{\varepsilon}_f$ 为总塑性应变；A 为根据一定的试验测的材料参数（取 0.424）；σ_H 为静水压力；$\bar{\sigma}$ 为等效应力；$\bar{\varepsilon}$ 为等效应变，C_5 为材料临界值。

根据这个模型的假设，空洞是承受大变形的夹杂或受第二相粒子影响而产生，并互相连接形成微观裂纹。

（6）Ayada

Ayada 准则认为静水应力和等效应变是影响空穴扩张的主要因素。

$$\int_0^{\overline{\varepsilon}_f} \left(\frac{\sigma_H}{\overline{\sigma}} \right) d\overline{\varepsilon} = C_6 \qquad (4\text{-}14)$$

式中，$\overline{\varepsilon}_f$ 为总塑性应变；σ_H 为静水压力；$\overline{\sigma}$ 为等效应力；$\overline{\varepsilon}$ 为等效应变，C_6 为材料临界值。

（7）Plastic strain

这个断裂准则只考虑了等效应变。

$$\overline{\varepsilon} = C_7 \qquad (4\text{-}15)$$

式中，$\overline{\varepsilon}$ 为等效应变，C_7 为材料临界值。

以上断裂准则可以写为一个通式，即：

$$\int_0^{\overline{\varepsilon}_f} f(\sigma, \, d\overline{\varepsilon}_p) = C_c \qquad (4\text{-}16)$$

4.3.2　断裂准则的测定方法

断裂对材料的影响有利有弊。例如，在金属板成形过程中，可借助剪切的物理过程将片材切割成合适的形状，如冲裁、切割等，而对于弯曲、拉伸、锻造等成形工序，断裂又是有害的，因此，断裂的预测非常重要。断裂准则直接影响到计算机模拟的裂纹产生时间和金属断裂后材料的特征，因此，断裂准则的准确测定是关键所在。

下面介绍一种利用冲裁工艺获得断裂准则的方法。测定断裂准则的试验原理如图4.22 所示。在冲裁工序中，裂纹的产生和材料的断裂会影响到工艺的压力-冲压深度曲线，如图 4.23 所示。整个曲线中，1 区为弹性变形阶段，2 区为弹塑性变形阶段，3 区为损伤开始出现的弹塑性阶段，4 区为裂纹产生到整个冲裁工艺完成阶段，其中，3 区和 4 区的结合部为裂纹开始产生的地方。对一定材料利用参考断裂准则进行模拟仿真，通过将有限元分析得到的裂纹出现时的冲压深度和试验获得的裂纹开始出现时的冲压深度相比较，可以判断断裂准则正确与否。

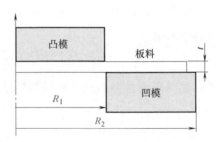

图 4.22　测定断裂准则的试验原理

设 U_e 为试验裂纹产生时的冲压深度，U_s 为模拟仿真获得裂纹产生时的冲压深度，则相对误差为：

$$\Delta = \frac{U_e - U_s}{U_e}$$

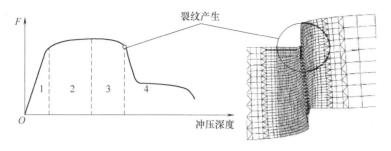

图 4.23　冲裁试验和模拟分析裂纹产生比较

当 $\Delta \leqslant \varepsilon$（用户定义的极小值）时，可认为符合有限元参数要求。图 4.24 为整个断裂准则获得的流程。

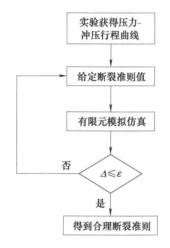

图 4.24　断裂准则计算流程

　　法国学者 Ribaha Hambli 利用获得的断裂准则对不同间隙冲裁工艺零件的塌角深度、光亮带、剪裂带和毛刺深度进行了有限元分析和试验研究对比，结果非常吻合。如图 4.25 所示为不同间隙冲裁工艺中，光亮带与间隙的关系曲线。

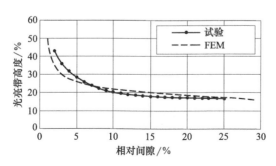

图 4.25　冲裁间隙-光亮带高度曲线

4.4
金属断裂行为模拟应用

有限元技术可以对金属断裂行为进行模拟仿真，也可以对塑性成形工艺中宏观断裂和裂纹进行较好的预测，从而实现对断裂的判断和描述。实践表明，合理利用有限元模拟仿真技术分析金属断裂行为，可以准确预测金属成形缺陷，有助于优化工艺路线和工艺参数。

4.4.1 断裂数值模拟典型应用

（1）塑性成形工艺中的裂纹
塑性成形工艺中，如挤压和锻造等，裂纹是主要缺陷之一。如图 4.26 所示是利用有限元分析成功预测了挤压工艺中的人字形裂纹，这是由于工艺摩擦力太大，材料内部受轴向拉应力作用的结果。

图 4.26　挤压工艺人字形裂纹

（2）切断和冲裁工艺中的材料断裂
冲裁是利用冲模使部分材料或工序件与另一部分材料、工（序）件或废料分离的一种冲压工序。该成形工艺中，金属不仅会产生塑性变形，而且会产生断裂分离。采用不同的工艺参数（如间隙、模具圆角，压边圈位置和形状等）会获得不同的断面质量和裂纹扩展方式，这些研究对于冲裁尤其是精密冲裁具有重要的理论意义和参考价值。图 4.27 为某

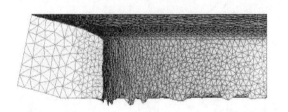

图 4.27　金属材料断裂

零件精密冲裁的数值模拟仿真结果。

（3）切削加工中的材料断裂

金属切削是利用金属的断裂获得最终产品。该成形工艺中，材料的韧性，刀具进给和速度等直接影响切削的质量。图 4.28 为金属切削工艺的有限元数值仿真结果。

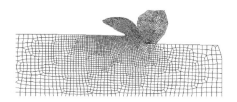

图 4.28　金属切削材料断裂

4.4.2　精密冲裁过程计算机模拟

精密冲裁是一种先进的精密成形塑性加工技术，能得到断面光洁、垂直、平整度好、精度高的板状精密轮廓零件。精密冲裁过程中，必须使刃口附近的材料始终处于三向压应力状态，阻止拉应力出现，从而防止冲裁剪切面出现裂纹或裂纹扩展而导致剪切面拉断。借助计算机模拟，可以方便地分析各工艺参数对精密冲裁成形过程的影响，清楚地了解精密冲裁过程中金属材料的流动规律，从而为精密冲裁模具设计提供参考。

以精密冲裁冲孔工艺为例，其成形过程大体上分为以下四个阶段。

（1）弹性变形阶段

凸模接触材料前施压，使材料产生弹性压缩而在凸模周围发生材料聚集，形成不大的环状突起，如图 4.29 所示。

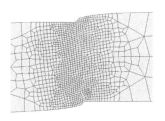

图 4.29　弹性变形阶段

（2）塑性变形阶段

凸模及压料板施加大压力，达到材料的屈服点，材料向孔周围流动并开始挤入凹模，产生定向塑性流动，如图 4.30 所示。

（3）剪切变形阶段

凸模继续下行，材料停止向孔周围流动，而大量挤入凹模洞口。此时，凸模刃口部分的材料达到材料的抗剪强度。所以，首先在发生应力集中的锋利刃口处产生显微裂纹，但

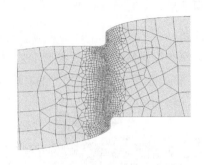

图 4.30 塑性流动阶段

没有剪裂，如图 4.31 所示。

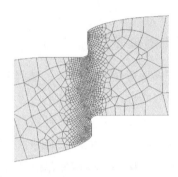

图 4.31 剪切变形阶段

凸模下行到一定程度，显微裂纹在金属材料内部扩展，并使材料沿凹模刃口出现剪切裂纹，开始断裂，如图 4.32 所示。

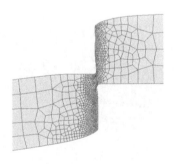

图 4.32 剪裂变形阶段

通过计算机模拟，可以清楚地了解精冲过程中金属材料的流动规律，初始凸模压入毛坯，到零件从坯料上分离之前，网格都是连续的，没有被切断。金属的精冲过程是一个材料的流动过程，这一点与普通冲裁的剪裂不同。凹模圆角可有效地抑制剪切过程的发生，材料是在挤压和弯曲的复合作用下流入凹模的，精冲过程的变形区特别集中，主要集中在凸、凹模刃口附近。

第5章

冷成形工艺回弹分析及精度控制

5.1 回弹

5.1.1 回弹现象

弹性性能材料在外力作用下发生变形，如果外力不超过某个限度，外力卸除后材料恢复原状，这种性能称为弹性。外力卸除后即可消失的变形，称为弹性变形。常温下材料弹性性能的一些主要参量可以通过拉伸试验进行测定。回弹通常指物理反弹，是物体在力的作用下产生物理变形，当压力释放时所产生的还原或近还原状态的物理变化。

5.1.2 弹塑性材料加卸载

弹塑性材料在外力作用下的变形分为弹性变形和塑性变形。所以，任何塑性变形过程中，一定存在弹性变形，这是金属塑性变形的一个普遍规律。一般弹塑性材料加载的应力应变曲线如图5.1所示。

无论是分离工序还是变形工序，弹塑性材料必然经历全部或部分的塑性变形，所以，此过程中一定伴随有弹性变形。成形工序完成后，由于弹性恢复迫使工件尺寸有部分的改变，与模具工作部分尺寸略有差异。为了简化分析，把应力-应变曲线划分为弹性区和塑性变形区两个区域。如图5.2所示，低应变值处的斜坡区称作弹性区，该区域应变很低，当加载的外力卸载后，材料将恢复至原来的形状和尺寸。进入塑性变形区，如果载荷被部分卸载，一些弹性应力仍然会继续存在，总应变增量由弹性应变增量和塑性应变增量两部分组成，其中，弹塑性应力为实际应力，包括部分卸载后的弹性应力（即残余应力），热

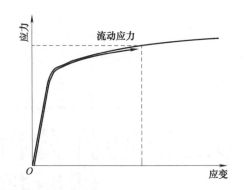

图 5.1　弹塑性材料加载的应力应变曲线

导残余应力可作为弹塑性应力，其比热膨胀（如相变等）更重要。

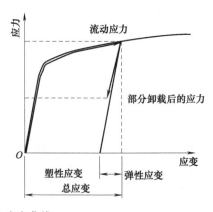

图 5.2　弹塑性材料卸载的应力应变曲线

5.1.3　冷成形工艺精度控制

　　影响冷成形工艺产品精度的因素较为复杂，主要原因是冷成形时模具和坯料都会承受很大压力且该压力分布不均，这一方面会使模具发生弹性膨胀变形，另一方面，当坯料塑性变形时还会发生弹性体积压缩，使出模后又出现弹性回复，最终这两方面的弹性变形都会直接影响冷成形工艺产品的精度。除此之外，坯料材料、模具材料以及摩擦系数等都会对锻件精度产生影响。在研究冷精锻精度控制的时候要立足全局，综合考虑各方面因素，以最方便快捷、最低成本实现控制目标。

　　（1）优化成形工艺减少回弹量

　　在硬材料（冷作硬化）成形前对其进行退火处理，或对成形工艺、模具结构设计加以改进，使回弹量减小。例如，在弯曲区压制加强筋，以增加弯曲区材料的刚度，并增加塑性形变量。如图 5.3（a）所示的金属件，如果采用常规弯曲工艺，回弹非常大且难于控制，但如果按图 5.3（b）对其进行补充工艺面，回弹就可以得到较好的控制。

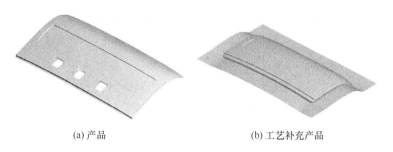

(a) 产品   (b) 工艺补充产品

图 5.3　钣金件成形工艺优化

（2）补偿法

预先估算或试验出工件成形后的回弹量，在设计模具时，使工件的变形在原设计的基础上加上回弹量，这样，工件在成形后，经过回弹便可得到所需要的形状。单角回弹的补偿如图 5.4 所示，根据已确定出的回弹角 $\Delta\theta$，在设计凸模和凹模时，减小模具的角度做出补偿。

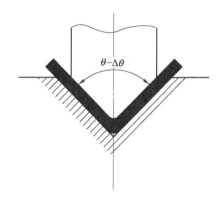

图 5.4　V形件弯曲回弹补偿

5.2
弹塑性有限元

5.2.1　弹塑性有限元的发展

1965 年，Marcal 提出了弹塑性有限元法并将它用于结构受力分析中。随后，Marcal、Yamada 利用 Mises 屈服条件和 Prandtl-Reuss 应力-应变关系，导出了弹塑性刚度矩阵，并采用增量方法分析了金属成形问题。此后到 20 世纪 70 年代中期，采用弹塑性有限元法求解锻压、挤压、拉拔、轧制等各种金属成形问题的研究逐渐增多。这类分析多基于小变形假设，在分析成形初期过程时结果较为可信，随着变形量的逐渐增大，分析结果就会出现较大的误差。1969 年开始，Lee 等推导出可用于大变形弹塑性计算的有限元列式，但是，大变形理论由于数学推导复杂、计算量大，在当时并没有得到广泛的应用。

大变形理论和小变形理论最大的区别在于描述变形体位移和应变关系的方程不同。经典弹性理论和小变形塑性理论中，均假定变形体的位移、转动和应变很小，且在变形体变形时载荷方向不变，从而得出线性的几何方程。但对于金属塑性成形问题，上述假设并不成立，因为金属塑性成形是一种大位移变形及有限应变的弹塑性问题。

解决此类问题时，除了考虑前面所提及的材料非线性外，还需要考虑几何非线性问题。几何非线性包括两个方面：一是位移与应变之间的关系是非线性的，在小变形中忽略了二次导数项，简化为线性关系；二是变形过程包含有刚体转动，在小变形中是忽略了刚体转动的影响。显然，几何非线性增加了问题的复杂性。如果变形体的几何方程是非线性的，本构关系是弹塑性的，则称其为大变形弹塑性问题。金属塑性成形中绝大部分属于这类问题。尽管有限变形理论的计算很复杂，但它精确地反映了变形的客观情况，而且较为灵活，因此受到广泛关注。

5.2.2 弹塑性有限元理论基础

弹塑性材料进入塑性状态的特征是当载荷卸除后材料产生不可恢复的永久变形，应力与应变之间不一定存在一一对应关系，而取决于加载的过程和变形的历史。根据应力应变全量关系建立的形变理论，把整个加载过程假设为比例加载，材料行为只与最后加载状态有关，与加载过程无关，这种形变理论的应用受到很大限制。而根据应力应变之间增量关系建立的增量理论，考虑了真实的加载过程，即变形结果与加载过程有关，同时，采用有限单元法可以克服这种形变理论解析求解时的巨大困难。

（1）屈服准则

与弹塑性增量理论关系紧密的是米泽斯（Mises）准则，即在一定的变形条件下，当材料内一点等效应力 $\bar{\sigma}$ 达到该材料的屈服强度 σ_s 时，材料就发生屈服，其表达式为：

$$\bar{\sigma} = \frac{1}{\sqrt{2}}\sqrt{\left[(\sigma_x - \sigma_y)^2 + (\sigma_y - \sigma_z)^2 + (\sigma_z - \sigma_x)^2 + 6(\tau_{xy}^2 + \tau_{yz}^2 + \tau_{zx}^2)\right]} = \sigma_s \quad (5\text{-}1)$$

式中，σ_x、σ_y、σ_z 为正应力，其作用面的法线分别与 x、y、z 轴平行；τ_{xy}、τ_{yz}、τ_{zx} 为剪应力，第一个角标表示剪应力作用面的法线方向沿对应轴，第二个角标表示剪应力的方向平行于对应轴。

（2）Prandtl-Reuss 塑性流动增量理论

分析金属材料的塑性变形时，不能忽略其弹性变形，通常采用 Prandtl-Reuss 塑性流动法则来表述材料的本构关系。当作用力较小，变形体内某点的等效应力小于屈服极限时，该点处于弹性状态；当作用力增大到某一个值时，等效应力达到屈服应力，该点进入塑性状态。塑性流动法则考虑弹性变形部分，它把总的应变增量 $d\varepsilon$ 分解为弹性应变增量 $d\varepsilon_e$ 和塑性应变增量 $d\varepsilon_p$，即

$$\{\mathrm{d}\varepsilon\} = \{\mathrm{d}\varepsilon_e\} + \{\mathrm{d}\varepsilon_p\} \tag{5-2}$$

而屈服面方程为：

$$F(\sigma) = f(\sigma) - \sigma_s = 0 \tag{5-3}$$

式中，$f(\sigma)$ 为应力张量函数；σ_s 为该材料的屈服强度。

（3）塑性强化定律

塑性强化定律就是确定塑性应变增量与当前应力状态的关系，其载荷按微小增量方式逐步加载。弹塑性金属材料发生塑性变形后，材料会产生加工硬化，屈服准则会随加载的过程发生变化。进入初始屈服以后，其后继屈服应力值仅与卸载前的等效塑性应变总量有关，亦即只有当等效应力满足下式时，后继屈服才会发生。

$$\overline{\sigma} = H' \overline{\varepsilon_p} \tag{5-4}$$

对式（5-4）微分，得到：

$$\mathrm{d}\overline{\sigma} = H' \mathrm{d}\overline{\varepsilon_p} \tag{5-5}$$

式中，$\mathrm{d}\overline{\sigma}$ 为等效应力增量；$\mathrm{d}\overline{\varepsilon_p}$ 为等效塑性应变增量；H' 为强化阶段应力-塑性应变曲线的斜率。

5.2.3 弹塑性有限元法求解

（1）弹塑性有限元方程

弹塑性有限元法不仅可以计算塑性变形，而且考虑了弹性变形，真实地反映了材料的成形过程，依据弹塑性基本理论和变分原理，得到弹塑性有限元方程。

① 在弹性阶段，应力与应变是线性关系，由于应力增量和弹性应变增量之间满足胡克（Hooke）定律，应变仅取决于最后的应力状态，与变形过程无关，所以，有下列的全量形式：

$$\mathrm{d}\sigma = [D]_e \mathrm{d}\varepsilon_e = [D]_e (\mathrm{d}\varepsilon - \mathrm{d}\varepsilon_p) \tag{5-6}$$

式中，$\mathrm{d}\sigma$ 为应力增量；$[D]_e$ 为弹性矩阵；$\mathrm{d}\varepsilon_e$ 为弹性应变增量；$\mathrm{d}\varepsilon$ 为应变增量；$\mathrm{d}\varepsilon_p$ 为塑性应变增量。

② 在弹塑性阶段，当材料所受外力达到一定值时，等效应力达到屈服点，应力与应变之间的关系由弹塑性矩阵 $[D]_{ep}$ 决定，即

$$\mathrm{d}\sigma = [D]_{ep} \mathrm{d}\varepsilon \tag{5-7}$$

式中，$\mathrm{d}\sigma$ 为应力增量；$[D]_{ep}$ 为弹塑性张量（矩阵），它是变形过程与应力状态的函数；$\mathrm{d}\varepsilon$ 为应变增量。

该式建立了全应变增量、塑性应变增量与应力增量的关系，联立强化定律式，便可建立复杂应力状态下本构关系的增量形式。

③ 弹塑性有限元方程。弹塑性变形条件下，应力与应变间的关系为非线性关系，这导致求解变形体变化时必须使用增量法，而且，有限元求解大变形问题，一般采用虚功方程。对于弹塑性大变形问题，其对应增量形式的虚功方程为：

$$\int_V \Delta\varepsilon^T [D]_{ep} \delta(\Delta\varepsilon) \mathrm{d}V = \int_V \Delta\overline{b}^T \delta(\Delta u) \mathrm{d}V + \int_{S_p} \Delta\overline{p}^T \delta(\Delta u) \mathrm{d}A - \int_V \sigma\delta(\Delta\varepsilon) \mathrm{d}V \tag{5-8}$$

式中，$\Delta \overline{p}^T$ 为 ΔT 内作用在边界面 S 上单位面积表面力；$\Delta \overline{b}^T$ 为 ΔT 内单位体积的外载增量；σ 为边界面 S 上应力；Δu 为变形体任一点的位移增量；$\Delta \varepsilon$ 为变形体任一点的应变增量。

设单元节点的位移与应变表达式为：

$$\Delta u^e = [N]\Delta \delta^e$$
$$\Delta \varepsilon^e = [B]\Delta \delta^e \tag{5-9}$$

式中，$\Delta \delta^e$ 为单元节点位移增量阵列；$[N]$ 为形状函数矩阵；$[B]$ 是几何矩阵。

所以，基于增量理论的弹塑性物理方程为：

$$\Delta \sigma = [D]_{ep}\Delta \varepsilon^e = [D]_{ep}[B]\Delta \delta^e \tag{5-10}$$

联立式（5-8）、式（5-9）及式（5-10），可以得到整体有限元分析方程为：

$$\sum_e \int_{V^e} [B]^T [D]_{ep}(\delta^e)[B]dV \sum_e \Delta \delta^e = \sum_e \int_{V^e} [N]^T \Delta \overline{b}dV + \sum_e \int_{S^e_p} [N]^T \Delta \overline{p}dA$$

$$\tag{5-11}$$

式中，弹塑性变形体的刚度矩阵 $[D]_{ep}$ 与加载过程和坯料的变形历史有关，是变形历史与应力状态的函数。

（2）弹塑性有限元法求解过程

弹塑性有限元法求解变形问题的基本步骤为：①建立有限元模拟初始模型，包括工件网格划分、材料模型、模具型腔几何信息及其运动和边界条件等各方面信息；②计算各单元刚度矩阵和残余应力向量，并进行约束处理；③形成整体刚度矩阵 $[D]_{ep}$ 和残余应力向量 $\boldsymbol{R}$，并引入速度约束条件消除奇异性；④解整体有限元方程得到节点位移增量 $\Delta \delta^e$，修正节点位移，并检查收敛情况，若收敛转入下一步，反之重复前两步；⑤由几何方程和塑性本构关系求出应变率和应力场；⑥确定增量变形位移步长 $\Delta \delta$，对工件构形、应变场和材料性能进行更新，同时检查工件接触边界并更新；⑦若预定变形未完成，则重复②～⑦步，直到变形结束。

5.3
冷成形工艺回弹分析应用

5.3.1 冷成形工艺回弹分析

塑性成形工艺中，材料发生塑性变形的同时必然会发生一部分弹性变形，因此，成形后会出现一定量的弹性回弹，造成产品尺寸的不一致。如果设计时不考虑回弹量，回弹会直接影响产品的尺寸精度，使工件尺寸超出极限偏差。因此，回弹的预测十分重要。下面介绍冷成形工艺回弹分析的基本过程。

（1）有限元模型建立

回弹分析中，首先需要计算弹塑性变形。分析时，工件材料应定义为弹塑性，虽然刚塑性材料适合大多数大塑性成形问题，但是刚性塑料忽略弹性恢复（回弹），不能获取诸如弯曲工艺的残余应力或回弹。同时，在有些精密计算中，模具的回弹也应考虑，因此模具应定义为弹性体。例如，在变薄拉深成形过程中，按常规经验分析，若存在回弹，零件实际内、外径与凸、凹模具实际尺寸相比，应该同时增大或同时减小，但实际试验结果却不是这样的。如图5.5所示，经理论分析、计算机模拟和实验研究发现，实际回弹是模具回弹和材料回弹综合作用的结果。

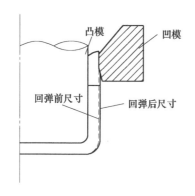

图 5.5　变薄拉深回弹

（2）残余应力计算

回弹分析实际上也是对成形工艺过程的应力预测。例如，成形后的残余应力经常导致变形或开裂。该现象可以借助图5.6的宏观模型加以讨论，两杆自由长度不等，当将它们强行装到一起并使其长度一致时，就会产生应力并导致变形。塑性成形工艺中，当变形约束去除后，由于变形体内弹性应力释放而造成的形状变化称为回弹。例如，在冷弯型材的变形过程中，回弹使型材的弯曲角在出成形辊后明显减小。材料弯曲时，其变形区内各部分的应力状态有所不同，横断面中间的不变形部分称为中性层。中性层两侧的材料，一侧

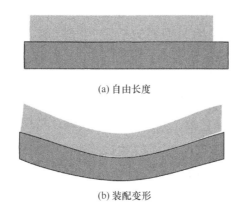

图 5.6　应力导致变形

受拉应力作用，产生伸长变形，另一侧受压应力作用，产生压缩变形。由于中性层两侧的应力和应变方向相反，当载荷去除后，中性层两侧的弹性恢复方向相反，从而引起不同程度的回弹。影响回弹量大小的主要因素有材料的屈服强度、弹性模量、板带厚度、硬化指数以及道次弯曲变形量的分配等。

（3）回弹量分析

回弹量的计算就是在约束工件的刚体运动自由度的情况下进行卸载，将节点外力减小到零，因此，回弹分析实际类似一个静力学平衡问题。由于内、外力平衡，所以应力分布也将逐步随之变化，最后得到残余应力分布和卸载后工件的最终形状。如果回弹中出现反向屈服，则需分步卸载，且最好采用随动强化本构方程以考虑包辛格效应。

弹塑性模拟的收敛性很大程度上依赖于初始猜测，初始猜测可以基于弹性解（plastic solution）、塑性解（elastic solution）或前一步解（previous step solution）的结果。DE-FORM-3D 软件的界面如图 5.7 所示，在大多数情况下，前一步解的收敛性最好。

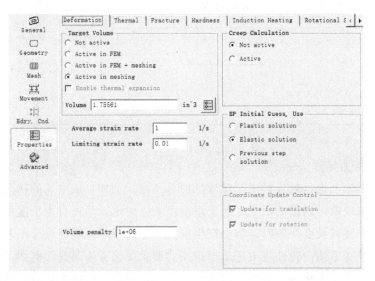

图 5.7　DEFORM-3D 软件初始猜测界面

5.3.2　冷成形直齿锥齿轮齿形回弹分析及凹模修形

（1）产品及工艺分析

图 5.8 为某轿车差速器行星锥齿轮零件，材料为 20CrMnTi，直齿锥齿轮零件成形采用冷精锻成形工艺，其工艺流程为：下料—退火—冷锻—精加工—检验。

（2）齿形精度控制方法

通过考虑齿形的修形、材料和模具回弹后确定直齿锥齿轮冷成形模具型腔尺寸，用于确保冷成形直齿锥齿轮齿形尺寸精度，使直齿锥齿轮冷成形后不再经机械加工即可达到优良的接触和传动效果。有限元分析流程如图 5.9 所示，依据直齿锥齿轮的理论

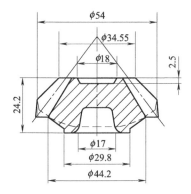

图 5.8　直齿锥齿轮产品

模型，根据接触分析确定直齿锥齿轮理论修形模型，由齿轮模型生成初始模具型腔，根据初始模具型腔进行成形工艺有限元分析并确定出材料和模具的回弹，由回弹值修正模具型腔，再次进行有限元计算新型腔下材料和模具的回弹，直到成形零件的精度达到工作所需尺寸。

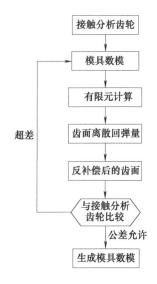

图 5.9　有限元分析流程

修形后的齿面接触分析如图 5.10 所示，接触位置和接触斑比较合理。

图 5.10　修形后齿面接触分析

（3）成形数值分析

温度为常温 20℃，坯料为刚塑性，模具为刚性，摩擦模型为剪切摩擦，摩擦系数为 0.12，成形速度为 30mm/s。从仿真成形过程分析，锥齿轮冷精锻成形第一阶段是上凸模与齿形凹模组成的型腔向下运动，坯料在下凸模作用下产生径向镦粗，随着模具型腔继续下行，横向产生变形，锥齿轮小端齿面开始充填。当坯料充满整个下模型腔，径向变形终止，所有坯料流向齿形凹模，直到齿形凹模与下凹模接触，此时齿形已基本充填完整，成形载荷到达一个峰值。最后，下凸模向上运动，起到精整作用，让齿形更加饱满。齿形充填效果和成形载荷曲线如图 5.11 所示。

 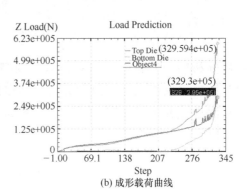

(a) 齿形充填　　　　　　　　　　　　(b) 成形载荷曲线

图 5.11　直齿锥齿轮冷精锻成形仿真

（4）回弹分析及型腔修形

根据仿真结果，当冷精锻模具卸载之后，齿轮会发生弹性扩张，图 5.12（a）为齿廓线弹性扩张前后的对比图，可以看出，弹性变形最小处在齿面的鼓形处，偏差接近零，向齿顶或齿根方向逐渐增大，在齿廓线顶部达到最大。图 5.12（b）中所示的是从锥齿轮齿面从小端到大端依次截取的 9 条齿廓线的偏差值，最大回弹 0.14mm，最小 0.02mm。

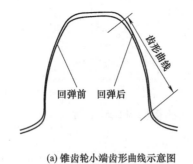 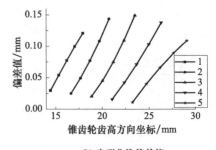

(a) 锥齿轮小端齿形曲线示意图　　　　　　(b) 齿形曲线偏差值

图 5.12　弹性扩张前后的齿形曲线及偏差

根据以上获得的离散点回弹量，利用反补偿法对齿轮成形型腔模型进行修正。考虑有限元网格离散的误差以及离散点回弹量计算的误差，所计算的齿面回弹量曲面不光顺，若将其直接反补偿到齿形模具中将造成模具齿形的凹凸不平，不利于齿形模具的加工，也不利于保证成型齿轮产品的正确啮合，因此，利用 MATLAB 软件中 Curve fitting 工具箱拟合工具，选用非线性中 Polynomial 曲线拟合，对齿面进行纵横两次光顺处理，得到如图 5.13 所示的光顺齿面。

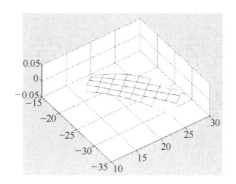

图 5.13　纵横两次光顺处理后的齿面

　　将光顺的回弹量补偿到齿形模具模型中进行回弹和偏差计算，经过第一次修正后，齿轮偏差值的正偏差值变成负偏差，对比理论修形齿面获得新的偏差值，补偿后进行第二次修正并计算出新的偏差值，如图 5.14 所示，齿形偏离理论修形齿面的程度明显减小，此时最大偏差值为 -0.025mm，最小接近于零。

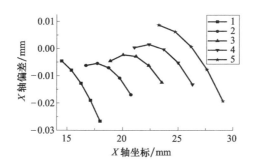

图 5.14　第二次修正前后齿形偏差图

第 6 章

金属热加工相变模拟理论及应用

6

6.1 计算模型

计算机技术、有限元技术、人工智能技术的发展，为利用计算机模拟技术了解材料的服役性能及其演化过程提供了可能性。结合热加工过程的物理模型及数学模型，借助计算机求解各场量，可以直观地让工程师掌握热加工过程的成形规律，准确预测和控制热加工成形，这不仅有助于优化工艺、提高产品质量，而且可以极大地降低生产成本，缩短新产品的研发周期，提高生产效率。

热加工过程计算机模拟的目的是揭示零件内部温度场、组织演变、应力或渗层扩散变化等，这种方法通过热处理过程中零件内部化学元素的扩散、瞬时温度场和组织转变以及应力应变的变化来指导生产实践，其理论基础仍然是连续体的热传导、扩散以及相变动力学方程的连续介质理论和方程间相互关系的多场耦合理论。热加工模拟计算涉及传热学、力学、相变动力学等多学科，是一个变形、温度和相变相互耦合的非线性问题。变形、温度、相变三者之间的关系如图 6.1 所示，变形产生热量引起温度变化；温度导致热膨胀引起变形；温度诱导相变；相变潜热引起温度变化，并引发塑性变形。因此，三者之间相互关联、相互耦合，热处理过程的数值仿真必须充分考虑三者之间的关联耦合，着重考虑以下问题：

① 相变：温度是影响相变开始点和转化进程的主要因素。

② 热应力：在热处理过程中，部分由于不均匀加热或冷却所产生的温度梯度，会引起热膨胀和热应力。

③ 相变应力和相变塑性：相变会造成零件的体积和尺寸改变，其变化的不均匀会引

起相变应力和应变。

④ 相变潜热：相变过程产生的相变潜热会影响温度场。

⑤ 应力诱导相变：相变受工件内变形或者其它存在的应力/应变的影响。

⑥ 热加工过程中还可能伴随着元素的扩散，例如，钢渗碳件淬火时，碳的扩散会改变材料的性能，从而影响温度、应力和应变。

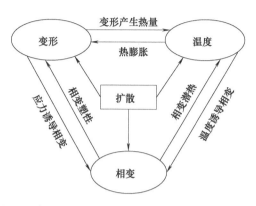

图 6.1　温度、相变、变形之间的关系

6.2
温度计算

热加工相变模拟中，温度模拟是一个重要环节。热源方式不同，加热效果不同。例如，电阻加热是通过接触传导方式把热量传给被加热体，这种加热方式只有紧贴被加热体一侧的热量会较好地传递，其它大部分热量散失到空气中，存在热传导损失，而且，电阻加热功率密度低。感应加热是使被加热体自身发热，这种加热方式可以在加热体外部包裹一些隔热保温材料，从而大大减少热量散失，提高热效率，节电效果十分显著，可达30%～80%。

热加工的相变模拟除了考虑加热方式以外，还需要考虑相变潜热、变形热、摩擦热等因素，同时，还需要设置与位置相关的对流、辐射和环境温度等边界条件。此外，材料的密度、热容、热导率等参数都会直接影响分析结果。热加工过程中，材料内部的温度分布取决于物体内部的热量交换，以及物体与外部介质之间的热量交换，一般认为是与时间相关的。考虑相变的热传导方程可以采用拉普拉斯方程（Laplace Equation）求解，即：

$$\rho c \dot{T} = \frac{\partial}{\partial X}\left(k \frac{\partial T}{\partial X}\right) + \sigma_{IJ} \dot{\varepsilon}_{IJ}^{P} + L_{IJ} \dot{\xi}_{IJ} + \dot{Q} \tag{6-1}$$

式中，ρc 为热容量；T 为温度；X 为点的坐标；k 为热导率；σ_{IJ} 为应力张量；$\dot{\varepsilon}_{IJ}^{P}$ 为塑性应变率张量；L_{IJ} 为从相 I 到相 J 转变的相变潜热；$\dot{\xi}_{IJ}$ 为从相 I 到相 J 转变速

率；$\dot{Q}$ 为内热源密度。

6.3
相变计算

6.3.1　相与相图

（1）相

金属中相是指成分相似、晶体结构相同的物质。由一种固相组成的合金称为单相合金，由几种不同相组成的合金称为多相合金。不同的相具有不同的晶体结构，虽然相的种类极为繁多，但根据相的晶体结构特点可以将其分为固溶体和化合物两大类。

固溶体是指溶质原子溶入金属溶剂的晶格中所组成的合金相。对于传统合金而言，以某一元素为主要元素，简称主元，也称为溶剂，添加其它次要元素，也称为溶质，混合后形成的单相固溶体或者晶体结构含有第二相的多相固溶体合金，其主相或基体相的晶体结构与主元的晶体结构一致，只是晶胞参数略有变化（间隙原子或置换原子导致的晶格畸变）。对于这种合金而言，其晶体结构和物理化学性质和主元相似，因此该过程被称为微合金处理。对于多主元合金而言（高熵合金或其变体中熵合金），由于各元素原子比例为 1∶1 或者接近 1∶1，因此不存在传统意义上的主元和次元，也即不存在溶剂和溶质，该类多主元固溶体合金的晶体结构往往不完全等同于其组成元素的晶体结构。

构成合金的各组元间除了相互溶解而形成固溶体外，当超过固溶体的最大溶解度时，还可能形成新的合金相，又称为中间相。这种合金相包括化合物和以化合物为溶剂而以其中某一组元为溶质的固溶体，它的成分可在一定范围内变化。在该化合物中，除了离子键、共价键外，金属键也参与作用，因而它具有一定的金属性质，有时就叫作金属化合物。中间相的晶格类型和性能均不同于任一组元，通常可用化合物的化学分子式表示。

对于多相混合材料，其性能符合材料的混合规则，也就是说，混合物的性能与每个相性能及体积分数成正比，即

$$\phi = \sum_i \xi_i \phi_i \tag{6-2}$$

式中，ϕ 是混合物性能；ξ_i 是第 i 相的体积分数；ϕ_i 是相应相的性能。该规则可以用于材料力学性能、热性能等的预测。

（2）相变

相变是物质从一种相转变为另一种相的过程。与固、液、气三态对应，物质有固相、液相和气相。图 6.2 是 Fe 的冷却曲线，可以看出：纯铁在 1538℃结晶为具有体心立方晶格（BCC，body-centered cubic）的 δ-Fe；当温度继续冷却至 1394℃时，δ-Fe 转变为面心

立方晶格（FCC，face-centered cubic）的 γ-Fe，通常把 δ-Fe→γ-Fe 的转变称为 A_4 转变，转变的临界点称为 A_4 点；当温度继续冷却至 912℃时，γ-Fe 又转变为具有体心立方晶格的 α-Fe，通常把 γ-Fe→α-Fe 的转变称为 A_3 转变，转变的临界点称为 A_3 点；912℃以下，铁的晶体结构不再发生变化。因此，铁有三种同素异晶状态，即 δ-Fe、γ-Fe 和 α-Fe，具有多晶型性。

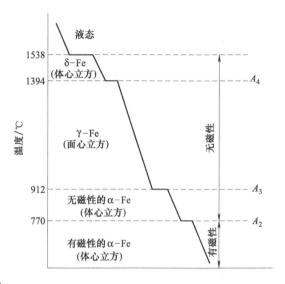

图 6.2　纯铁的冷却曲线

此外，α-Fe 在 770℃还将发生磁性转变，即由高温的顺磁性状态转变为低温的铁磁性状态。通常把这种磁性转变称为 A_2 转变，把磁性转变温度称为铁的居里点。可见，铁在发生磁性转变时，晶格类型并不变，所以，磁性转变不属于相变。

（3）铁素体与奥氏体

金属晶体中原子在空间规则排列的方式称为金属的晶体结构。除少数金属具有复杂的晶体结构外，绝大多数金属具有面心立方、体心立方和密排六方三种典型的晶体结构。

体心立方晶体的晶胞如图 6.3 所示，具有 BCC 结构的金属包括 α-Fe、铬（Cr）、铁（Fe）、钨（W）、铌（Nb）、钼（Mo）、钒（V）等。

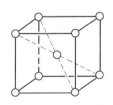

图 6.3　体心立方晶胞

面心立方晶体的晶胞如图 6.4 所示，具有 FCC 结构的金属包括 γ-Fe、铝（Al）、镍

（Ni）、铜（Cu）、银（Ag）、金（Au）、铂（Pt）、铅（Pb）等。

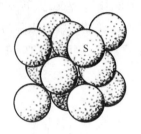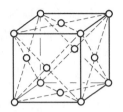

图 6.4　面心立方晶胞

　　奥氏体是碳溶于 γ-Fe 中的间隙固溶体，为面心立方晶格，常用符号 A 或 γ 表示。铁素体是碳溶于 α-Fe 中的间隙固溶体，为体心立方晶格，常用符号 F 或 α 表示。奥氏体和铁素体是铁碳合金中两个重要的基本相。

　　密排六方晶体（CPH，close-packed hexagon）的晶胞如图 6.5 所示，具有 CPH 结构的金属包括铍（Be）、镁（Mg）、锌（Zn）、镉（Cd）等。

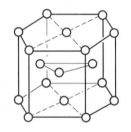

图 6.5　密排六方晶胞

　　（4）Fe-Fe₃C 相图

　　平衡条件下，合金的成分、温度和组织之间的关系图为相图。从热力学上讲，石墨 C 的自由能低于渗碳体 Fe_3C，亦即 Fe_3C 有自发转变成石墨 C 的趋势，因此，严格意义上讲，铁碳的平衡相图为铁-石墨相图，而铁-渗碳体相图为亚稳态相图。受动力学影响，渗碳体转变成石墨的阻力较大或者说时间较长，渗碳体在室温下也可以长期存在，因此，一般情况下也把铁-渗碳体相图视为平衡相图，如无特殊指明，Fe-C 平衡相图一般指的是 Fe-Fe₃C 相图。钢铁材料是工业中应用范围最广的合金，铁碳合金相图是研究铁碳合金的重要工具，它是人类经过长期生产实践并进行大量科学实验总结出来的，也是研究铁碳合金的化学成分、组织和性能之间关系的理论基础。

　　铁素体的溶碳能力比奥氏体小得多。测定结果显示，奥氏体在温度为 1148℃ 时的最大溶碳量为 2.11%，而铁素体在温度为 727℃ 时的最大溶碳量仅为 0.0218%，在室温下的溶碳能力更低，一般在 0.008% 以下。碳溶于体心立方晶格 δ-Fe 中的间隙固溶体称为 δ 铁素体，其在温度为 1495℃ 时的最大溶碳量为 0.09%。

　　面心立方晶格比体心立方晶格致密度大，而奥氏体比铁素体的溶碳能力强，这与晶体结构中的间隙尺寸有关。测量和计算结果显示，γ-Fe 在温度为 950℃时的晶格常数为 0.36563nm，其八面体间隙半径为 0.535nm，与碳原子半径 0.77nm 比较接近，所以，碳在奥氏体中的溶解度较大。而 α-Fe 在温度为 20℃时的晶格常数为 0.28663nm，其八面体间隙半径只有 0.01862nm，远小于碳原子半径，所以碳在铁素体中的溶解度很小。铁素体的性能与纯铁基本相同，居里点也是 770℃；奥氏体的塑性很好，且具有顺磁性。

铁碳合金中的碳有渗碳体 Fe_3C 和石墨两种存在形式。通常情况下，碳以渗碳体形式存在，即铁碳合金按 $Fe-Fe_3C$ 系转变，由于 Fe_3C 是一个亚稳相，在一定条件下可以分解为 Fe（实际上是以铁为基的固溶体）和石墨，所以石墨是碳存在的更稳定状态。因此，铁碳相图存在 $Fe-Fe_3C$ 和 Fe-石墨两种形式。由于钢中的含碳量最多不超过 2.11%，铸铁中的含碳量不超过 5%，从实用角度出发，仅需要研究 $Fe-Fe_3C$ (6.69%) 部分相图，如图 6.6 所示。在 $Fe-Fe_3C$ 相图中，相包括液相（L）、δ 固溶体相、铁素体（α）、奥氏体（γ）、渗碳体（Fe_3C）。其中 Fe_3C 是复杂斜方晶系化合物。

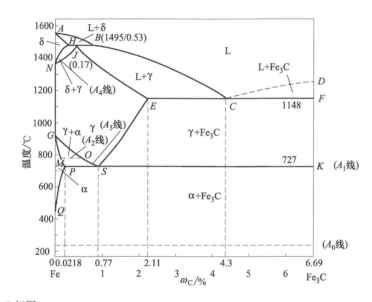

图 6.6　$Fe-Fe_3C$ 相图

相图上的液相线是 ABCD，固相线是 AHJECF，相图中有五个单相区，分别是：① ABCD 以上——液相区（L）；② AHNA-δ——固溶体区（δ）；③ NJESGN——奥氏体区（γ）；④ GPQG——铁素体区（α）；⑤ DFK——渗碳体区（Fe_3C 或 C_m）。相图上有七个两相区，它们分别存在于相邻两个单相区之间，这些两相区分别是：① ABJHA——液相＋δ 固溶体区（L＋δ）；② JBCEJ——液相＋奥氏体区（L＋γ）；③ DCFD——液相＋渗碳体区（L＋Fe_3C）；④ HJNH——δ 固溶体＋奥氏体区（δ＋γ）；⑤ GSPG——铁素体＋奥氏体区（α＋γ）；⑥ ECFKSE——奥氏体＋渗碳体（γ＋Fe_3C）；⑦ QPSK 以下——铁素体＋渗碳体（α＋Fe_3C）。

相图上有三条水平线，分别是：包晶转变线 HJB、共晶转变线 ECF 和共析转变线 PSK。其中，A_0 线为温度 230℃时渗碳体的居里点。渗碳体在 230℃以下具有弱铁磁性，而在 230℃ 以上则失去铁磁性；A_1 线即 PSK 线，温度 727℃ 为共析转变温度；A_2 线即 MO 线，温度 770℃ 为铁素体的居里点；A_3 线即 GS 线，温度 727～912℃ 对应铁素体转变为奥氏体的终了线（加热）或奥氏体转变为铁素体的开始线（冷却）；A_4 线即 NJ 线，温度 1394～1495℃ 对应高温铁素体转变为奥氏体的终了线（冷却）或奥氏体转变为高温铁素体的开始线（加热）；A_{cm} 线即 ES 线，温度 727～1148℃ 为碳在奥氏体中的溶解度曲线，也称为渗碳体的析出线。

此外，由于加热时有过热度，冷却时有过冷度，同一个相变点加热和冷却是不一样的。若用 c 表示加热，r 表示冷却，所以相应的有：加热 A_{c1}、A_{c3}、A_{ccm}，冷却 A_{r1}、A_{r3}、A_{rcm}。

6.3.2 过冷奥氏体等温转变曲线

计算机模拟技术的基本理论是钢的连续冷却转变温度（TTT）和等温转变曲线（CTT）。过冷奥氏体等温转变曲线即 TTT 曲线（Time，Temperature，Transformation）可综合反映过冷奥氏体在不同过冷度下的等温转变过程，包括转变开始和转变终了时间、转变产物的类型以及转变量与时间、温度之间的关系等。因其形状通常像英文字母 "C"，所以俗称 C 曲线，也称为 TTT 图。

图 6.7 为 AISI-1080 的 TTT 图。最上面的水平线 A_1 表示钢的临界点，即奥氏体与珠光体的平衡温度；下方的水平线 M_s 为马氏体转变开始温度；M_s 以下的水平线 M_f 为马氏体转变终了温度；M_s 和 M_f 之间还有马氏体转变 50% 的 M_{50} 线和马氏体转变 90% 的线 M_{90}。A_1 与 M_s 线之间有两条 C 曲线，左侧一条为过冷奥氏体转变开始线，右侧一条为过冷奥氏体转变终了线。A_1 线以上是奥氏体稳定区。M_s 线至 M_f 线之间的区域为马氏体转变区，过冷奥氏体冷却至 M_s 线以下将发生马氏体转变。

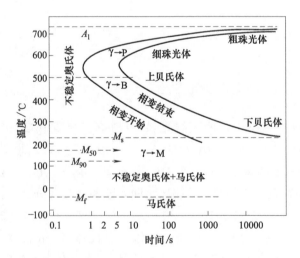

图 6.7　AISI-1080 的 TTT 图

过冷奥氏体转变开始线与转变终了线之间的区域为过冷奥氏体转变区，该区域为过冷奥氏体向珠光体或贝氏体转变。转变终了线右侧的区域为过冷奥氏体转变产物区。

A_1 线以下，M_s 线以上以及纵坐标与过冷奥氏体转变开始线之间的区域为过冷奥氏体区，过冷奥氏体在该区域内不发生转变，处于亚稳定状态。在 A_1 温度以下某一确定温度，过冷奥氏体转变开始线与纵坐标之间的水平距离为过冷奥氏体在该温度下的孕育期，孕育期的长短表示过冷奥氏体稳定性的高低。过冷奥氏体转变终了线与纵坐标之间的水平距离表示在不同温度下转变完成所需要的总时间。过冷度很小时，会形成层片较粗大的组织，称为珠光体（P）；过冷度稍大时，会得到层片较薄的细珠光体组织，称为索氏体，用 S 表示；过冷度很大时，得到层片极细珠光体，称为屈氏体，用 T 示。需要指出的是，珠光体、索氏体和屈氏体都是由渗碳体和铁素体组成的层片状机械混合物，层片的大小不同，导致其力学性能各异。

把共析奥氏体过冷到 C 曲线"鼻子"以下至 M_s 线之间，将发生 $\gamma \to B$（贝氏体）的转变。贝氏体是由含碳过饱和的铁素体与渗碳体组成的两相混合物。贝氏体转变过程中，由于过冷度很大，没有铁原子的扩散，而是靠切变进行奥氏体向铁素体的点阵转变，并由碳原子的短距离"扩散"进行碳化物的沉淀析出。其中，过冷奥氏体在 350～550℃ 之间转变得到的羽毛状组织称为上贝氏体，而下贝氏体形成于贝氏体转变区的较低温度范围，对于中、高碳钢为 350℃～M_s 之间。典型的下贝氏体是由含碳过饱和的片状铁素体和其内部沉淀的碳化物组成的机械混合物，其空间形态呈双凸透镜状，与试样磨面相交呈片状或针状。

6.3.3 过冷奥氏体连续冷却转变曲线

许多热处理工艺是在连续冷却过程中完成的，如炉冷退火、空冷正火、水冷淬火等。在连续冷却过程中，过冷奥氏体同样会发生等温转变时所经历的几种转变，即珠光体转变、贝氏体转变和马氏体转变等，且各个转变的温度区也与等温转变时的大致相同。也就是说，连续冷却过程中不会出现等温冷却转变时所没有的转变。然而，奥氏体的连续冷却转变却不同于等温转变，因为连续冷却过程要先后通过各个转变温度区，可能会发生几种转变，而且，冷却速度不同，可能发生的转变不同，各种转变的相对量不同，因而得到的组织和性能也不同。

连续冷却转变的规律也可以用另一种 C 曲线表示出来，这就是"连续冷却 C 曲线"，也称为"热动力学曲线"或"CCT（continuous cooling transformation）曲线"。该曲线反映了在连续冷却条件下过冷奥氏体的转变规律，是分析转变产物组织与性能的依据。实际生产中，过冷奥氏体的转变大多是在连续冷却过程中进行的。钢在连续冷却过程中，只要过冷度与等温转变时相对应，所得到的组织与性能也是相对应的。因此，实际生产中常常采用 CCT 曲线来分析钢在连续冷却条件下的组织。

图 6.8 为共析钢连续冷却 C 曲线，奥氏体连续冷却时的转变产物及其性能，取决于冷却速度。随着冷却速度增大，过冷度增大，转变温度降低，形成的珠光体弥散度增大，因此硬度增高。当冷却速度增大到一定值后，奥氏体转变为马氏体，硬度剧增。图 6.8 中，共析钢的过冷奥氏体连续转变曲线最简单，它只有珠光体转变区和马氏体转变区，没

有贝氏体转变区，说明共析钢在连续冷却过程中不会发生贝氏体相变。

图 6.8 中，珠光体转变区由三条曲线构成：左边为过冷奥氏体转变开始线，右边为过冷奥氏体转变终了线，下面连线为过冷奥氏体转变终止线。M_s 和冷速线 $V_{k'}$ 以下为马氏体转变区，$V_{k'}$、V_k 是两个临界冷却速度，$V_{k'}$ 是过冷奥氏体全部得到珠光体的最大冷却速度，称为下临界冷却速度，V_k 是过冷奥氏体在连续冷却过程中不发生分解，全部冷却到 M_s 点以下发生马氏体转变的最小冷却速度，称为上临界冷却速度或临界淬火速度。

① 冷却速度 $V < V_{k'}$ 时，曲线①是共析钢加热后在炉内冷却，冷却缓慢，过冷度很小，转变开始和终了的温度都比较高，冷却曲线与珠光体转变开始线相交时，便发生 $\gamma \to P$，与珠光体转变终了线相交时，珠光体的形成即告结束，最终组织为珠光体，硬度最低，为 180HBW，塑性最好。曲线②表示在空气中冷却，与曲线①相比，得到 100% 珠光体，但转变开始与终了温度降低，转变区间增大，转变时间缩短，其中曲线冷却速度比在炉中快，过冷度增加，在索氏体形成温度范围与 C 曲线相割，得到的珠光体弥散度加大，奥氏体最终转变产物为索氏体，硬度（25～35HRC）比珠光体高，塑性较好。

② 冷却速度 $V_{k'} < V < V_k$ 时，曲线③表示在油中冷却，比风冷更快，冷却曲线只与珠光体转变开始线相交，而不再与转变终了线相交，但会与中止线相交。冷却曲线与珠光体转变开始线相交时，发生珠光体转变；但冷至转变中止线时，则珠光体转变停止；这时奥氏体只有一部分转变为珠光体，其组织比索氏体组织还细，称为托氏体。继续冷至 M_s 线以下，未转变奥氏体发生马氏体转变，所以最终组织是托氏体＋马氏体，其硬度（45～55HRC）比托氏体高，但塑性比其低。随着冷速 V 的增大，珠光体转变量越来越少，而马氏体量越来越多。

③ 冷却速度 $V > V_k$ 时，曲线④为在水中冷却，因为冷却速度很快，冷却曲线不再与珠光体转变开始线相交，不形成珠光体组织，即不发生 $\gamma \to P$，而全部过冷到马氏体区，只发生马氏体转变，其硬度 55～65HRC，而塑性最低。此后再增大冷速，转变情况不再变化。

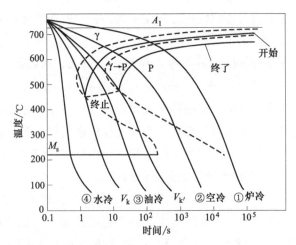

图 6.8　共析钢的连续冷却转变曲线（虚线为 C 曲线）

需要指出的是，共析碳钢在连续冷却时得不到贝氏体组织，但有些钢在连续冷却时会发生贝氏体转变，得到贝氏体组织，例如某些亚共析钢、合金钢。亚共析钢的连续冷却 C 曲线与共析钢的大不相同，主要是出现了铁素体的析出线和贝氏体转变区，及 M_s 线右端降低等。

6.3.4　相变模型

金属热加工过程中，相变根据形核和长大的特点可分成扩散型相变、非扩散型相变和过渡型相变，图 6.9 给出了碳钢中不同的三个组织之间的关系。

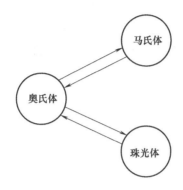

图 6.9　碳钢不同相间的关系

（1）扩散型相变

依靠原子（离子）的扩散来进行的相变称为扩散型相变。扩散型相变中，新相的形核和长大主要靠原子长距离扩散进行，适用于奥氏体到珠光体的相变。

扩散相变符合 Johnson-Mehl-Avrami 方程，相变的体积分数为：

$$\xi_I = 1 - \exp(-bt^n) \tag{6-3}$$

式中，ξ_I 是转变相的体积分数；t 为时间；b 和 n 是根据 TTT 曲线推导的材料常数，与应力、温度及碳含量有关。

（2）非扩散相变

相变过程中不存在原子离子的扩散，或虽存在扩散但不是相变所必需的或不是主要过程的相变称为非扩散型相变。非扩散型相变中，新相的成长是通过切变和转动进行的，马氏体转变是典型的非扩散型相变。

无扩散相变符合 Magee 方程，即：

$$Y = 1 - \exp(aT + b) \tag{6-4}$$

式中，Y 为转化的马氏体体积分数；T 为绝对温度；a，b 为材料常数，由 M_s 和 M_{50} 决定，其中，M_s 是马氏体开始温度点，M_{50} 是马氏体产生 50% 的温度点，均受化学成分、塑性变形、应力状态等的影响。M_s 主要取决于钢的化学成分，其中又以碳的影响最为显著，另外随着变形量的增加，M_s 下降，多向压应力阻碍马氏体转变，使 M_s 降低。

过渡型相变介于上述两种相变之间，贝氏体转变就属于过渡型相变，这种相变受温度史和温度本身控制。

6.3.5　钢的热处理

材料的性能取决于组成材料的相、组织的性能及其分布，除此之外，热处理工艺也起到关键作用，例如，零件的内部温度分布和组织转变不均匀引起的应力可能会造成产品形变，降低零件强度，增加断裂敏感性。因此，制定合理的热处理工艺，能够控制因不均匀而引发的应力和热处理变形，延长使用寿命。

金属热处理是将金属或合金工件放到一定的介质中，加热到适宜的温度，并在此温度下保持一定时间后又以不同速度在不同的介质中冷却，通过改变金属材料表面或内部的显微组织结构达到改善其性能的目的。简而言之，热处理就是加热、保温和冷却。尤其是冷却过程强烈影响材料的最终晶体结构和显微组织。根据加热和冷却的不同，常见的热处理工艺包括淬火、退火、正火和回火等，淬火、正火和退火的温度随时间的变化不同，如图6.10所示。

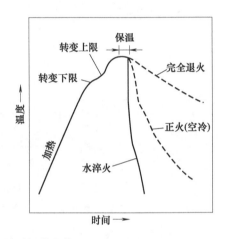

图 6.10　典型热处理工艺温度随时间的变化

（1）退火

退火是将组织偏离平衡状态的钢加热到工艺预定的某一温度，经保温后缓慢冷却，以获得接近平衡状态组织的热处理工艺。退火工艺可以使经过铸造、锻轧、焊接或切削加工的材料或工件软化，化学成分均匀化并消除残余应力，从而改善其塑性和韧性，或得到预期的物理性能。根据钢的成分和退火的目的、要求的不同，退火又可分为完全退火、等温退火、球化退火、再结晶退火、去应力退火等。

完全退火是指将亚共析钢加热到 A_{c3} 以上 20～30℃，保温后随炉缓慢冷却，以期得到接近于平衡组织（珠光体型组织）的热处理工艺方法，也称为重结晶退火。加热过程发生珠光体（包括先共析的铁素体或渗碳体）转变为奥氏体，在冷却过程中发生与此相反的第二回相变重结晶，形成晶粒较细、片层较厚、组织均匀的珠光体（或有先共析铁素体或渗碳体）。完全退火工艺可以细化晶粒、均匀组织、消除内应力和降低硬度，以便于切削加工，并为加工后零件的淬火做好组织准备。

不完全退火也称为不完全结晶退火，是指将钢加热到 A_{c1} 以上 30～50℃，保温足够时间，然后随炉缓冷的工艺。由于不完全退火是在两相区加热，组织不能完全重结晶，铁素体的形态、大小与分布不能改变，晶粒细化的效果不如完全退火。所以，不完全退火主要用于晶粒并未粗化，铁素体分布正常，以及锻、轧终止温度过低，或冷却过快的亚共析钢件，以降低硬度，消除内应力，改善组织。

（2）正火

正火是将钢加热到 A_{c3}（亚共析钢）和 A_{ccm}（过共析钢）以上 30～50℃，保温一段时间后，在空气中或在强制流动的空气中冷却到室温的工艺方法。正火的目的是消除魏氏组织和带状组织，减少二次渗碳体量，细化晶粒，使组织均匀化，从而提高钢的强度、硬度和韧性，改善其切削加工性能。

（3）淬火

淬火是指将钢加热到临界温度以上，保温后以大于临界冷却速度的冷速冷却，使奥氏体转变为马氏体的热处理工艺。淬火的目的是为了获得马氏体，为工件提供合理的硬度和耐磨性能，图 6.11 为典型淬火硬化构件。淬火在奥氏体化温度保持预定时间后进行，可能在回火操作之前，也可能在机加工操作之前进行，淬火介质可以是水（静止或搅拌）、油（室温或加热）、聚合物或空气。

淬火是一种提高材料性能的重要热处理工艺，但是淬火时零件内部容易产生应力、变形甚至开裂。因此，淬火需要与适当的回火工艺相配合，才能提高钢的综合力学性能。而且，实际应用中，淬火过程往往是以实验为主，高温操作和变形过程不易控制。由于淬火是一个复杂的过程，受到温度场、相变以及应力场等的综合影响，而且各种影响因素又相互作用、相互制约，因此，20 世纪 70 年代国内外研究人员便开始研究淬火过程的数值模拟。

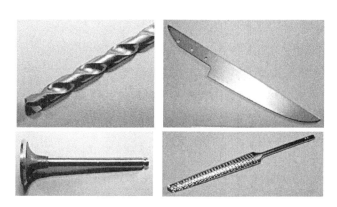

图 6.11　典型淬火硬化构件

（4）回火

将淬火后的零件加热到低于 A_{c1} 的某一温度并保温，然后冷却到室温的热处理工艺称为回火。回火是紧接淬火的一种热处理工艺，大多数淬火钢都需要进行回火。回火的目的是稳定工件组织和尺寸，减小或消除淬火应力，提高钢的塑性和韧性，以获得工件所需的力学性能，满足不同工件的性能要求。

6.3.6 体积改变

金属热加工会引起产品的体积变化，其原因主要是热膨胀和相变引起的晶体结构变化。不同相的晶体结构不同，例如，铁素体为体心立方（BCC），奥氏体为面心立方（FCC），如图 6-12 所示，马氏体为体心四方体（BCT），渗碳体 Fe_3C 为正交结构。

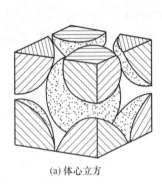 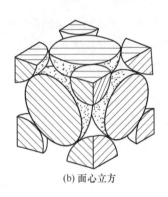

(a) 体心立方　　　　　　　　　　　(b) 面心立方

图 6.12　铁的晶体结构

奥氏体是面心立方，致密度比较大，而马氏体致密度小，在同等重量条件下，马氏体的体积最大，珠光体其次，奥氏体最小。当奥氏体快速冷却到 M_s 以下并向马氏体转变时，体积会发生膨胀，最大约 4%。Jablonka 等基于密度、晶格参数和热膨胀数据的最小二乘拟合密度方程为：

铁素体：
$$\rho_\alpha(T) = 7875.96 - 0.297T - 5.62 \times 10^{-5} T^2 \tag{6-5}$$

奥氏体：
$$\rho_\gamma(T, \%C) = (8099.79 - 0.506T)(1 - 1.46 \times 10^{-2} \%C) \tag{6-6}$$

渗碳体：
$$\rho_{Fe_3C}(T) = 7686.45 - 6.63 \times 10^{-2} T - 3.12 \times 10^{-4} T^2 \tag{6-7}$$

式中，密度单位为 kg/m^3，温度单位为摄氏温度。

图 6.13 为碳钢中奥氏体、铁素体和珠光体随温度的密度变化。

热加工过程中，相变应变公式如下：

$$\dot{\varepsilon}_{ij}^{Tr} = \sum \beta_{IJ} \dot{\xi}_J \delta_{ij} \tag{6-8}$$

式中，β_{IJ} 为由相位 I 到 J 相变引起的分数长度变化；$\dot{\xi}_J$ 为 J 相的相变体积分数率；δ_{ij} 为克罗内克函数。

分数体积变化为：

$$\frac{\Delta v}{v_I} = \frac{v_J - v_I}{v_I} \tag{6-9}$$

相变应变系数为：

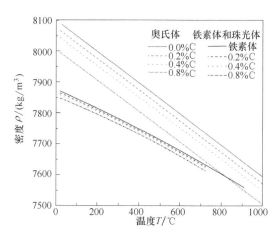

图 6.13 碳钢随温度的相密度

$$\beta_{IJ} = \frac{v_J - v_I}{3v_I} \tag{6-10}$$

式中，v_I 和 v_J 为相变前后的体积。

基于参考温度 T_0 的热膨胀应变 $\varepsilon^{Th} = \sqrt[3]{\dfrac{\rho(T_0)}{\rho(T)}} - 1$

在钢的升温或降温过程中，存在着因温度变化而引起的正常膨胀（此过程中无相变），以及因组织变化而导致的附加膨胀。如图 6.14 所示，曲线 1 为室温→720℃温度段内试样尺寸的伸长，该伸长完全是由物理热膨胀而引起的线性热膨胀；720℃→900℃期间发生珠

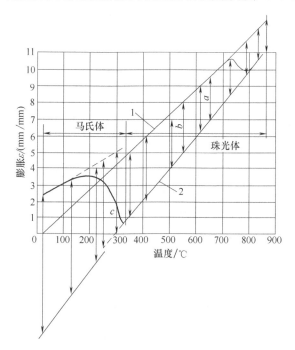

图 6.14 钢的热膨胀

光体和铁素体向奥氏体的转变；900℃以上进入奥氏体线性膨胀。不同冷却速度下的体积变化曲线也不同，曲线 2 为快冷条件下的体积变化，M_s 温度以上，随着温度的降低发生体积增大的现象，M_s 温度以下发生了奥氏体向马氏体的转变。图中 a、b 为奥氏体向珠光体转变引起的分数长度变化，c 为由奥氏体向马氏体转变引起的分数长度变化。

图 6.15 给出了钢（0.8%C 钢）的计算机模拟热膨胀曲线和实测点的对比，计算值与实测值吻合较好。

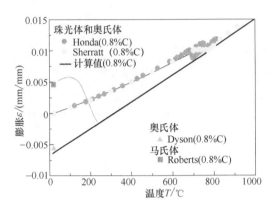

图 6.15　钢的热膨胀模拟和实测

6.3.7　渗碳模拟

渗碳是使碳原子渗入到钢表面层的过程。渗碳工艺可以使低碳钢的工件具有高碳钢的表面层，再经过淬火和低温回火工艺，使工件的表面层具有高硬度和耐磨性，而中心部分仍然保持低碳钢的韧性和塑性，因此，该工艺可以实现在价格相对便宜的钢上形成硬质表面。渗碳涉及碳在固体铁合金中的吸收和扩散，一般发生在奥氏体化温度 A_3 线以上，渗碳后的工件的碳含量从表面到芯部呈现梯度分布。图 6.16 为部分典型渗碳淬火零件。

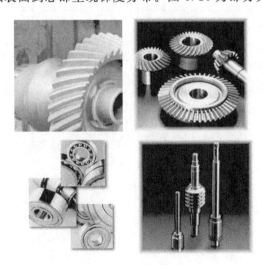

图 6.16　典型渗碳淬火零件

（1）扩散模型

Laplace 方程可以很好地解释很多实际问题中的扩散现象，渗碳扩散符合 Laplace 方程：

$$\frac{\partial C}{\partial t} = \frac{\partial}{\partial X}\left(D\,\frac{\partial C}{\partial X}\right) \tag{6-11}$$

式中，C 为碳浓度；D 为扩散系数；t 为时间；X 为距离。

边界条件规定如下：

$$-D\,\frac{\partial C}{\partial n} = h(C_e - C_s) \tag{6-12}$$

式中，C_e 环境碳含量；C_s 是表面碳含量；h 表面反应系数；n 是表面的向外法线。

（2）扩散系数

渗碳温度一般选择奥氏体温度，这是因为奥氏体溶碳能力远大于铁素体，可以获得较大的渗层，同时，考虑到温度的影响，温度提高，扩散系数将增大。研究表明：扩散系数随着温度的增高和材料原始含碳量的增加有增大的趋势，图 6.17 为不同含碳量钢的扩散系数随温度的变化情况。

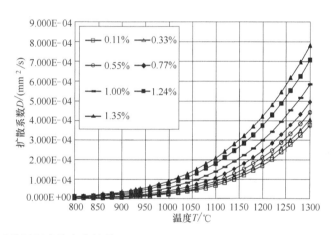

图 6.17　碳钢扩散系数随温度的变化情况

（3）渗碳工艺计算机模拟

目前，已经可以运用计算机对渗碳工艺进行较理想的预测。图 6.18 给出了渗碳工艺计算机模拟结果和实验结果的对比，实验材料为 AISI1015（S15CK），初始碳含量0.17%，温度为 900℃。初始碳势 0.3%，0.5 小时后为 1.2%。矩形截面坯料放置在炉内0.5、1.2 和 4 小时，实验测定从表面到芯部的碳含量。可以看出，含碳量随距表面距离的增加而减少，计算机模拟结果和实验验证存在较好的一致性，在误差范围内，含碳量的计算值比真实值略低。

（4）渗碳后淬火

渗碳工艺最常用的方法是从渗碳温度缓慢冷却，然后加热到 A_{c3} 以上再进行淬火，

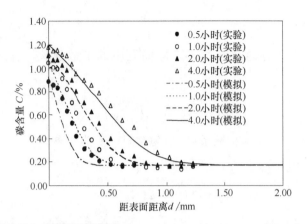

图 6.18　渗碳工艺模拟结果和实验结果的对比

如图 6.19 所示。该工艺的目的是获得高硬度的零件表面。

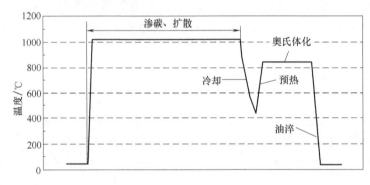

图 6.19　渗碳淬火热特性

此外，还有更为复杂的处理工艺，即工件渗碳冷却后进行两次加热淬火，这种工艺称为双淬火或两次淬火法，如图 6.20 所示。一次淬火加热温度一般为芯部的 A_{c3} 以上，目的是细化芯部组织，同时消除表层的网状碳化物；二次淬火加热温度一般为 A_{c1} 以上，使渗层获

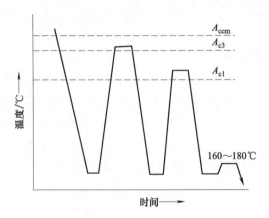

图 6.20　二次淬火工艺

得细小粒状碳化物和隐晶马氏体，以确保工件具有高强度和高耐磨性。这种工艺较为复杂、成本高、效率低、变形大，仅用于要求表面高耐磨性和芯部高韧性的重要零件。

6.4
应变计算

6.4.1　本构方程

在考虑相变的热加工工艺中，金属的总应变可分为弹性（elastic）应变、塑性（plastic）应变和热（thermal）应变，以及相变（transformation）应变、蠕变（creep）应变和相变塑性（transformation plasticity）应变等，即：

$$d\tilde{\varepsilon} = d\tilde{\varepsilon}^E + d\tilde{\varepsilon}^P + d\tilde{\varepsilon}^{Th} + d\tilde{\varepsilon}^{Tr} + d\tilde{\varepsilon}^C + d\tilde{\varepsilon}^{Tp} \tag{6-13}$$

式中，$d\tilde{\varepsilon}$ 为总应变增量；$d\tilde{\varepsilon}^E$ 为弹性应变增量；$d\tilde{\varepsilon}^P$ 为塑性应变增量；$d\tilde{\varepsilon}^{Th}$ 为热应变增量；$d\tilde{\varepsilon}^{Tr}$ 为相变应变增量；$d\tilde{\varepsilon}^C$ 为蠕变应变增量；$d\tilde{\varepsilon}^{Tp}$ 为相变塑性应变增量。

（1）弹塑性应变

对于弹塑性材料，应力和应变增量是息息相关的，弹性应变为总应变减去所有非保守应变。

$$d\sigma_{ij} = C_{ijkl}(d\varepsilon_{kl} - d\varepsilon_{kl}^P - d\varepsilon_{kl}^T - d\varepsilon_{kl}^{Tr} - d\varepsilon_{kl}^{Tp} - d\varepsilon_{kl}^C) + g_{ij}dT + \sum_o h_{ij}^{(o)}d\xi_o \tag{6-14}$$

式中，C_{ijkl} 是弹性本构矩阵；ε_{kl} 为总应变；ε_{kl}^P 为塑性应变；ε_{kl}^T 为热应变；ε_{kl}^{Tr} 为相变应变；ε_{kl}^{Tp} 为相变塑性应变；ε_{kl}^C 为蠕变应变；g_{ij} 和 h_{ij} 分别代表 C_{ijkl} 随温度和体积分数的变化。

（2）热应变

热应变是当材料受到热作用，由于温度的上升或下降，几何形状有关方面发生的尺寸变化。

$$d\varepsilon_{ij} = \alpha\, dT \delta_{ij} \tag{6-15}$$

式中，ε_{ij} 为应变张量；α 为热膨胀系数；T 为温度；δ_{ij} 为克罗内克函数。

（3）相变应变

由于材料相变，各部分体积发生不均衡变化而引起的应变称为相变应变。

$$d\varepsilon_{ij}^{Tr} = \beta^{lm}d\xi^{lm}\delta_{ij} \tag{6-16}$$

式中，ε_{ij}^{Tr} 为相变应变；β^{lm} 是由 l 相向 m 相转变而产生的长度变化分数，其为温度和碳含量的函数；$d\xi^{lm}$ 是从 l 相到 m 相转变的体积增量分数；δ_{ij} 是克罗内克函数。

（4）蠕变应变

常用的蠕变计算模型主要有 Perzyna 模型、指数定律、Norton-Bailey 模型和 Soderberg 蠕变流动规律。

① Perzyna 模型。Perzyna 模型表述为：

$$\dot{\bar{\varepsilon}} = \gamma \left[(\bar{\sigma}/s) - 1 \right]^m \tag{6-17}$$

式中，$\dot{\bar{\varepsilon}}$ 为等效应变率；γ 为流动性；$\bar{\sigma}$ 为有效应力；s 为流动应力；m 为材料参数。这是一个弹性黏塑性流动的公式。只有当有效应力超过材料的屈服强度时，才会发生蠕变；如果有效应力小于流动应力，则产生的应变率为零。

② 指数定律。指数定律是描述稳态或二次蠕变一种非常经典的方法，表述为：

$$\dot{\bar{\varepsilon}} = \gamma \left[\bar{\sigma}/s \right]^m \tag{6-18}$$

式中，$\dot{\bar{\varepsilon}}$ 为等效应变率；γ 为流动性；$\bar{\sigma}$ 为有效应力；s 为流动应力，m 为材料参数。

③ Norton-Bailey 模型。Norton-Bailey 模型表述为：

$$\dot{\bar{\varepsilon}} = K m \bar{\sigma}^n t^{m-1} + Q \bar{\sigma}^\gamma \tag{6-19}$$

式中，$\dot{\bar{\varepsilon}}$ 为等效应变率；K、m、n、Q 为常数；$\bar{\sigma}$ 为有效应力；γ 为流动性。

④ Soderberg 蠕变流动规律。Soderberg 蠕变流动规律表述为：

$$\dot{\bar{\varepsilon}} = K \sigma^n \exp(-C/T_{abs}) \tag{6-20}$$

式中，$\dot{\bar{\varepsilon}}$ 为等效应变率；σ 为等效应力；T_{abs} 为绝对温度；K、n、C 为常数。

（5）相变塑性应变

材料发生相变时施加小于弱相（如奥氏体）弹性极限的载荷可发生不可逆变形，这种现象称为相变塑性。图 6.21 给出了 42CrMo4 材料在无应力、压缩、拉伸等条件下奥氏体化温度冷却过程的轴向应变-温度关系，在没有应力的情况下，会发生热应变和相变应变。但是，如果在达到马氏体起始温度 M_s 之前施加轴向载荷（拉伸或压缩），与无应力状态相比，轴向应变会增大或减小。在温度平衡和卸载后，该应变与无应力条件下的应变差值

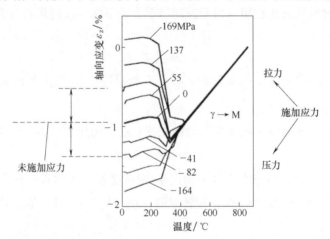

图 6.21　不同载荷试样淬火过程轴向应变与温度的关系

即为相变塑性应变。

相变塑性应变张量为：

$$\dot{\varepsilon}_{ij}^{TP} = \frac{3}{2}\Sigma K_{IJ} h(\xi_J) \dot{\xi}_J s_{ij} \qquad (6\text{-}21)$$

式中，$\dot{\varepsilon}_{ij}^{TP}$ 为相变塑性应变率；K_{IJ} 为从 I 相到 J 相转变的相变塑性系数；$h(\xi_J)$ 为相变体积分数的偏离；$\dot{\xi}_J$ 为 J 相的体积分数；s_{ij} 为偏应力。

图 6.22 给出了某环形零件的渗碳淬火工艺，其中，图 6.22（a）为试样的形状和尺寸，图 6.22（b）为相应热加工工艺。图 6.23 为该零件不同位置表面的传热系数随温度的变化情况。图 6.24 为淬火后的界面变形，包括未考虑相变塑性和考虑了相变塑性的计算机模拟与实验结果，可以看出，未考虑相变塑性与考虑了相变塑性形状计算机模拟差别较大，而考虑了相变塑性的模拟结果与实验结果具有较好的吻合。

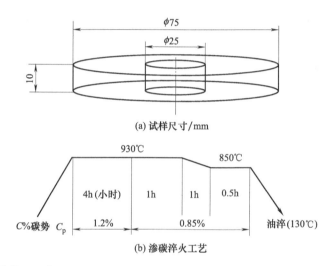

图 6.22 某环形件热处理工艺

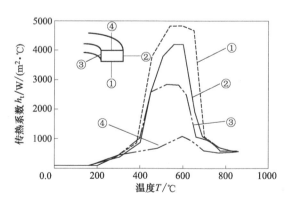

图 6.23 某环形件不同位置表面的传热系数随温度的变化情况

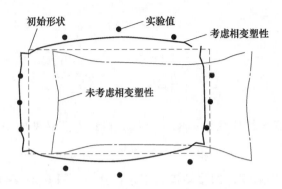

图 6.24　淬火后的界面变形

6.4.2　等向强化和随动强化

　　塑性成形工艺中，屈服点升高的现象称为强化。为了简化数学处理，目前常采用的简化模型主要有等向强化、随动强化和混合强化三种。如果材料在一个方向屈服强度提高，在其它方向屈服强度也同时提高，这种材料称为等向强化材料。如果材料在某方向的屈服点提高，在其它方向的屈服应力却下降，例如拉伸的屈服强度提高多少，反向的压缩屈服强度就减少多少，这种材料称为随动强化材料。图 6.25 给出了试件等向强化和随动强化的应力应变行为，等向强化压缩区的后继屈服应力等于拉伸时达到的最大应力，随动强化压缩时的后继屈服应小于拉伸时增大后的屈服应力。混合强化是前面两种强化准则的综合，其加载面大小、形状和中心位置随加载过程而改变。

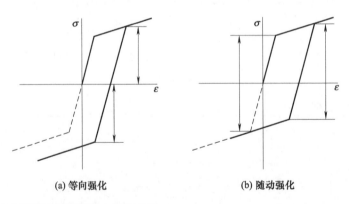

(a) 等向强化　　　　　　　　(b) 随动强化

图 6.25　等向强化和随动强化模型应力应变关系

　　塑性变形对应于微观上的位错运动。在塑性变形过程中不断产生新的位错，位错的相互作用提高了位错运动的阻力，这在宏观上表现为材料的强化，在塑性力学中则表现为屈服面的变化。各种材料的强化规律需通过材料实验获取。利用强化规律得到的加载面（即强化后的屈服面）可用于导出对应材料的本构方程。

　　（1）等向强化

　　等向强化模型假设在塑性变形过程中加载面作均匀扩大。其一般表达形式为：

$$f(\sigma_{ij}, \xi) = 0 = f(\sigma_{ij}) - k(\xi) = 0 \qquad (6\text{-}22)$$

式中，$f(\sigma_{ij}) = 0$ 为初始屈服函数；$k(\xi)$ 为反映塑性变形历史的硬化函数，用于确定屈服面的大小。

等向强化模型的缺点是当材料加载至塑性变形后再沿原路卸载至零，并反向加载到初始屈服面上时，根据等向强化假设，此时材料尚未屈服，应继续加载至后继屈服面时才会屈服，这是违背包辛格效应的。因此，该模型仅适用于不考虑静水应力的影响和包辛格效应引起的材料各向异性的情况，当加载路径有明显的反复时，该模型并不适用。

（2）随动强化

随动强化模型假设塑性变形过程中加载面的大小和形状不变，仅整体地在应力空间中作平动。其一般表达形式为：

$$f(\sigma_{ij}, \xi) = 0 = f(\sigma_{ij} - \alpha_{ij}(\xi)) - k = 0 \qquad (6\text{-}23)$$

式中，$f(\sigma_{ij}) - k = 0$ 为初始屈服函数；k 为常数；$\alpha_{ij}(\xi)$ 为后继屈服中心的坐标，它反映了材料硬化程度，其增量形式可以表示为屈服点在应力空间的位移。

随动强化模型考虑了包辛格效应，即假设屈服面的大小和形状都不变，只是中心位置沿硬化方向移动。当再加载路径与原加载路径偏离不多时，此屈服条件适用；当再加载路径与原加载路径偏离较多时，此屈服条件不再适用。

（3）混合强化

混合硬化规律是 Hodge 将随动硬化规律和等向硬化规律结合而导出的。该规律认为，后继屈服面可以由初始屈服面经过一个刚体平移和一个均匀膨胀而得到，即认为后继屈服面的大小、形状和位置均随塑性变形的发展而变化，其一般表示形式为：

$$f(\sigma_{ij}, \xi) = 0 = f[\sigma_{ij} - \alpha_{ij}(\xi)] - k(\xi) = 0 \qquad (6\text{-}24)$$

式中，$f(\sigma_{ij}) - k = 0$ 为初始屈服函数；$k(\xi)$ 为反映塑性变形历史的硬化函数；$\alpha_{ij}(\xi)$ 为后继屈服中心的坐标。

混合强化可以同时反映材料的包辛格效应以及后继屈服面的均匀膨胀，但显然更为复杂。

6.5
金属热加工相变模拟应用

6.5.1　金属热加工相变计算机模拟

利用计算机模拟正火、退火、淬火、回火、渗碳等工艺过程，可以预测硬度、晶粒组织成分和含碳量，并有助于分析变形、传热、热处理、相变和扩散之间复杂的相互作用，因此，在金属热处理相变的数值仿真中计算机模拟得到了广泛应用。

渗碳淬火工艺可使金属材料表层硬度和耐磨性得到提高，而芯部仍然保持较好的韧性，常用于齿轮、机床主轴、发动机的曲轴等。淬火需要将钢件表面层淬透到一定的深度，因此淬火工艺中马氏体组织的获得十分重要。图 6.26 为利用 DEFORM 软件对齿轮进行的淬火工艺相变进行的仿真，淬火温度为 850℃，在室温下进行的油淬。图 6.27 为某零件渗碳工艺后的优势原子分布。

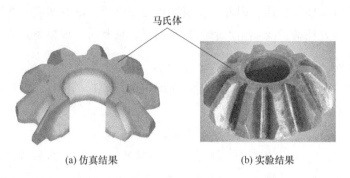

(a) 仿真结果 　　　　　　　　　　(b) 实验结果

图 6.26　淬火相变

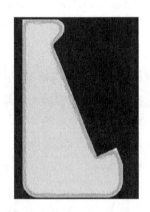

图 6.27　渗碳工艺计算后的优势原子分布

　　此外，通过热加工相变模拟也可以预测零件的形状和尺寸变化，图 6.28 为模拟得到的轮齿热处理前后的尺寸变化。零件的热处理变形包括尺寸变化和形状畸变，其中，尺寸变形是由于相变前后体积差引起的零件尺寸改变；形状畸变则是由热处理过程中各种复杂应力引起的不均匀塑性变形产生的。这些变形会导致产品精度不够，影响质量和寿命，例如，齿轮的热处理变形，会影响传动精度，需要进行修正和补偿。

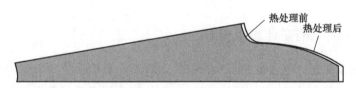

图 6.28　热处理尺寸变化

6.5.2 热加工相变模拟过程设置

（1）热处理模拟步骤

热处理模拟的基本步骤包括：①选择模拟模式；②设置材料属性，为相变建模提供材料及材料数据；③定义环境条件；④定义解决方案；⑤后处理。其中，步骤③～⑤后续结合实际案例分析，下面只介绍步骤①和②。

（2）模拟模式

鉴于热加工变形温度、相变、变形之间的关系，正常情况下变形、热交换、相变、扩散选项都应该被激活。DEFORM-3D 软件的模拟模式选项界面如图 6.29 所示。

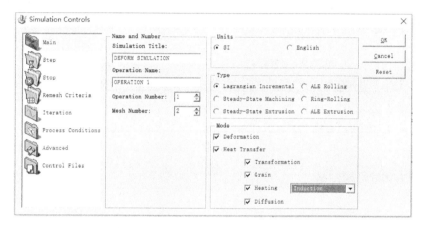

图 6.29 DEFORM-3D 软件模拟模式选项界面

（3）相变建模

① 为合金的每一个相定义材料性能，可能包括：流动应力、弹性行为、热行为、蠕变行为、硬化和扩散性能等。

② 定义合金的可能相，不会出现的相不需要定义。例如，定义 AISI 1045 为奥氏体、珠光体、贝氏体、马氏体的混合物。

③ 定义材料不同相之间的数据，即材料中的一个相到另一个相的相变动力学。例如，对 a 和 b 两相材料，可能的转变模式包括：a 和 b 可逆变换；a 不可逆转地转化为 b；a 不能直接转换为 b。

6.5.3 大型齿圈热处理相变模拟

（1）齿圈产品

作为齿轮箱传动的基础部件，大型齿圈在矿业、航海、新能源等领域有着广泛应用，但与此同时，应用领域也对其外形、精度、强度、寿命及可靠性提出了更为严苛的要求。如图 6.30 所示的大型齿圈，壁厚远小于齿圈外径，属于薄壁构件，这导致其在热处理工艺中变形量较大且难以严格控制，其中胀缩度是一个需要精确控制的因素。

图 6.30　大型齿圈

如图 6.31 所示，齿圈加热时，在内外温差作用下发生塑性镦粗，齿圈外径增大；反之，冷却时外径减小。

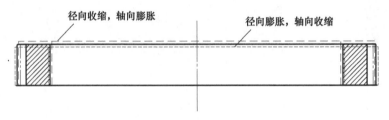

图 6.31　齿圈淬火时的膨胀收缩

（2）工艺方案

以工程中常见的 JS150/06 系列大型齿圈为例，为便于实验开展，结合该系列齿圈结构特点按一定比例缩小制作实验试样。试样尺寸设计中，试样结构与 JS150/06 系列大型齿圈相似，五种实验试样尺寸方案如表 6.1 所示。需要说明的是，试样材料均为 20CrMnMo，装炉热处理按照大型齿圈实际生产方式进行，如图 6.32 所示。

☑ 表 6.1　五种齿圈实验试样尺寸方案　　　　　　　　　　　　　　　　　　　单位：　mm

齿圈尺寸	方案				
	一	二	三	四	五
齿圈内径 d	328	199	164	140	120.5
齿圈外径 D	389	265	197	173.5	153.5
齿圈高度 h	38	25	19	16	15

（3）模拟与实验结果

对如图 6.33 所示方案一的 1/24 齿圈的尺寸进行仿真分析，模拟得到的马氏体分布情况、尺寸变化分别如图 6.34、图 6.35 所示。

统计分析尺寸方案一至五的实验及仿真结果，得到如图 6.36 所示的齿圈尺寸变化对比图。可以看出，仿真结果和实验结果变化趋势相同，最大误差在可允许的范围内，数值

图 6.32 实验试样装炉方式

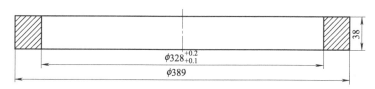

图 6.33 齿圈试样

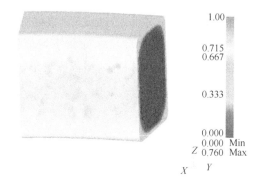

图 6.34 马氏体分布情况

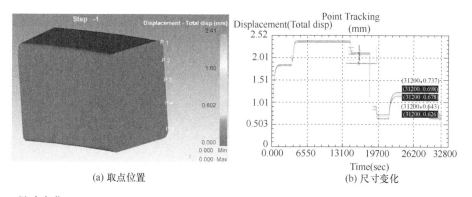

(a) 取点位置　　　　　　　　(b) 尺寸变化

图 6.35 尺寸变化

仿真完全可以为实际热处理生产提供参考。

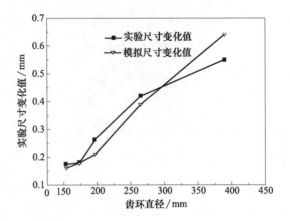

图 6.36　实验与仿真齿环尺寸变化

进一步，为探究大型齿圈经热处理后的胀缩度变化规律，利用 matlab 软件进行曲线拟合，得到的一次曲线拟合方程为：

$$y = 0.0017x - 0.0756 \tag{6-25}$$

式中，y 为齿圈试样热处理尺寸变化值；x 为齿圈试样外径值。

对于 JS150/06 系列齿圈，其外径尺寸为 2726mm，根据式（6-25）计算得到的外径尺寸变化值为 4.56mm，而实际生产中热处理尺寸变化平均值为 5.125mm。可见，二者数值比较接近，表 6.1 所示的实验设计对于探究大型齿圈变形规律具有一定的可行性，所得到的拟合规律具有一定的参考价值。

第**7**章

模具磨损数值仿真及应用

7.1
模具磨损

模具寿命一直是评价最终产品生产效率和生产成本的重要因素。金属塑性成形过程中，导致模具失效的因素主要包括断裂、塑性变形及磨损。其中，由断裂和塑性变形引起的失效，可以通过模具的合理设计、模具材料的合理选择来改善，而模具的磨损是由模具与工件产品的接触而造成的，其导致的模具失效难以控制。因此，磨损是影响模具寿命的决定性因素，如何减少磨损、提高模具寿命是设计人员最关心的问题之一。

塑性成形特别是高温成形过程中，模具因磨损而失效的情况超过 70%。磨损不仅会导致模具表面质量恶化，而且会改变模腔各部位尺寸，从而严重影响模具的使用寿命。为此，摩擦学界在磨损机理、摩擦学系统分析理论与方法、磨损表面微观分析等方面开展了大量的研究。

7.1.1　摩擦磨损过程

工程实践表明，模具的正常磨损是多重效应共同作用形成的，其发生、发展过程相当复杂，大致可分为磨合阶段、稳定磨损阶段和剧烈磨损阶段三个阶段，如图 7.1 所示。

（1）磨合阶段

磨合阶段是初期磨损阶段，该阶段的特点是在较短的工作时间内，模具表面发生了较大的磨损量。塑性成形零件和模具表面本身就具有一定的粗糙度，两接触面在相对运动时，表面上微凸起的部位将承受较大的压强，达到其屈服强度时发生塑性变形，被迅速地磨去。可见，磨合阶段磨损较迅速，其时间历程相对于整个成形过程很短，两接触面之间的真实接触面积较小，开始时磨损量迅速增加，经过一定时间磨合，真实接触面积逐渐增

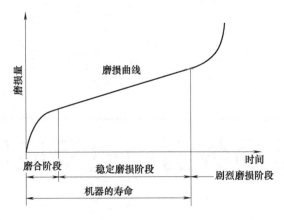

图 7.1　模具的磨损曲线

大，磨损速度减慢并趋于稳定。

（2）稳定磨损阶段

稳定磨损阶段，模具和成形零件接触表面变得较为平整，此时摩擦进入正常阶段，单次磨损量较小，且和磨损时间成正比关系。这是由于经历磨合阶段后，表面微凸起部分高度降低，曲率半径增大，接触面积增大，使得接触压强减小。该磨损阶段时间历程最长，为模具服役的主要阶段，决定了模具的工作寿命。因此，延长稳定磨损阶段对于延长模具使用寿命是十分有利的。

（3）剧烈磨损阶段

模具服役后期，制件表面接触应力增加，模具表面粗糙度增加、尺寸变化且模具表面会因温度升高而发生一定程度的软化等。这些因素都会导致模具磨损速度急剧加大，直至完全失效。

在设计或使用模具时，应力求缩短磨合期、延长稳定磨损期、推迟剧烈磨损的到来。

7.1.2　磨损的失效机理

模具磨损是一个普遍的现象。虽然目前已经针对磨损开展了大量的研究，但是，从工程设计的角度看，关于其耐磨性或磨损强度的理论仍然有待完善。

根据失效机理的不同，磨损主要分为磨粒磨损、疲劳磨损、黏着磨损和腐蚀磨损，如图 7.2 所示。下面逐一加以介绍。

（1）磨粒磨损

磨粒磨损是指模具与工件之间存在硬质颗粒，从而造成模具表面刮伤（一般表现为凹痕、凹坑、犁沟或划痕），并导致模具表面材料脱落的一种现象。硬质颗粒可能来自冷作硬化后脱落的金属屑或外界进入的磨粒。根据磨粒磨损形态、应力和施加冲击载荷方式的不同，磨粒磨损可分为研磨式、凿削式和划伤式三种类型。

（2）疲劳磨损

模具与工件表面接触并发生相对滑动，在交变载荷的作用下，摩擦副表面会出现材料

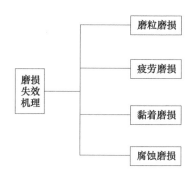

图 7.2　模具的磨损分类

脱落，这种现象称为疲劳磨损。成型过程中，接触应力会逐渐超过模具材料的疲劳强度，从而使模具表层发生变形，局部表层脆弱的区域率先产生裂纹，形成成片的麻点或凹坑，导致模具失效。疲劳磨损多发生于型腔模，如压铸模、注塑模、热固性塑料压模、粉末冶金压模、金属粉末注射成型模等。

（3）黏着磨损

模具与工件发生相对滑动时，一些凸起的接触点受到的应力将达到材料的屈服强度，发生变形而产生黏着并脱落，这种现象统称黏着磨损，严重时也称为"胶合"。在摩擦副表面间，微凸起部分相互接触，承受着较大的压强，相对滑动引起表面温度升高，导致表面的吸附膜（如油膜、氧化膜）破裂，从而造成金属基体直接接触并"焊接"到一起。与此同时，相对滑动的切向作用力将"焊接"点（即黏着点）剪切开，造成材料从一个表面上被撕脱下来并黏附到另一表面上的现象。一般是较软表面上的材料被撕脱下来，黏附到较硬的表面上。通常情况下，载荷越大、速度越高、材料越软、黏着磨损越容易发生。

（4）腐蚀磨损

腐蚀磨损是模具和工件发生相对滑动时，与液体、气体、润滑剂等周围介质接触，并与介质中的腐蚀性成分发生化学或电化学反应形成腐蚀物所造成的磨损。腐蚀磨损的过程十分复杂，其特征表现为磨损表面出现光滑的小麻点或化学反应膜。影响腐蚀磨损的主要因素包括周围介质、零件表面的氧化膜性质和环境温度等。腐蚀磨损与疲劳磨损的形成机理虽然不同，但二者有着一定的内在联系，且都易发生在型腔模中。例如，选用乙烯基塑料压制制品时，在较高的温度下，塑料会发生分解并释放腐蚀性气体腐蚀模腔，从而导致模具腐蚀磨损。

事实上，当模具与工件（或坯料）发生相对运动时，摩擦磨损情况极其复杂，磨损往往并不局限于一种形态。例如，模具与工件（或坯料）表面发生黏着磨损后，部分材料脱落形成磨粒磨损；磨粒磨损的出现，使得模具表面变得粗糙，会进一步引起黏着磨损和疲劳磨损；疲劳磨损发生后，会诱发磨粒物质产生，引起磨粒磨损；而磨粒磨损会使得模具表面出现沟痕，又会加剧黏着磨损和疲劳磨损；腐蚀磨损发生后，同样会出现磨粒磨损，进而派生出黏着磨损和疲劳磨损。可见，各种磨损形态交织在一起，相互影响、相互派生、相互促进。

7.2
磨损模型

当前，磨损研究方法大多集中在实验研究，这种方法不仅耗费大量时间、人力、物力和财力，而且，由于实际摩擦学系统的复杂性，实验结果并不能很好地指导摩擦学系统设计和实际工程应用，典型的如磨损寿命预测、磨损动态监测和耐磨性设计等。

数值仿真技术为摩擦学研究提供了一种新的手段。它是将数值仿真技术应用于摩擦学系统研究，在分析和研究摩擦学系统的基础上建立仿真模型，完成仿真分析，进而基于仿真结果改进和完善仿真模型，这有助于提高研究效率。因此，利用数值仿真软件建立成形工艺参数与模具磨损量的关系，可以更好地指导模具设计与生产，从而提高模具的使用寿命。

在磨损的数值仿真分析方面，国外学者已经开展了磨损模型、磨损预测和减小磨损等方面的研究，提出了很多磨损模型。例如，Rabinowicz 建立了关于磨粒磨损的模型；Staffan Jacobson 等建立了两维的磨料磨损的统计学模型；G. Sundararjan 基于塑性变形理论建立了两体磨料磨损模型。

目前，模具的磨损预测一般是基于 Archard 磨损模型，该模型以黏着磨损机理为基础，主要用于预测模具的正常磨损阶段。在此基础上，研究人员结合实际工况不断完善 Archard 模型，提出了 Archard 修正模型和 Archard 回火软化模型。常用的其它磨损模型还包括 Usui 模型，这种模型更适用于模拟金属切削等连续过程。

7.2.1 Archard 磨损模型

自 1953 年起，研究人员广泛采用 Archard 理论分析模具磨损，在模具磨料磨损的计算中得到了较好的运用。Archard 模型是由 Holm 最先提出，Archard 发展完善，该模型在推导中引入了真实接触面积的概念，最初只是用于分析黏着磨损机制，但后续的经验证明，其它磨损方式下也有类似 Archard 模型的表达，因此，后来提出的许多模型的有效性多是通过与 Archard 模型比较而得出。

Archard 理论模型如图 7.3 所示，两名义上平滑表面的接触发生在高的峰元上 [图 7.3（a）]，当应力超过材料的弹性极限时，接触处发生塑性变形。图 7.3（b）为一对峰元相接触的情形，图 7.3（c）是接触面发生相对移动时，峰元发生磨损，产生磨屑的情形。

传统的 Archard 磨损模型已广泛应用于预测模具磨损，其预测模型可表示为：

$$W = K \frac{xp}{H} \tag{7-1}$$

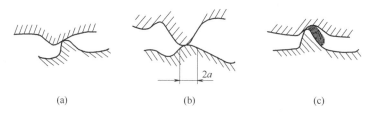

(a)   (b)   (c)

图 7.3　Archard 磨损计算模型图

式中，W 为磨损量；K 为模具和工件之间的磨损系数；p 为模具的表面压力；x 为模具与工件之间的相对移动量；H 为模具的硬度。可见，磨损量与磨损系数、表面压力、相对移动量成正比，与模具的硬度成反比。

7.2.2　Archard 修正模型

对于热锻模具，锻造过程中模具瞬时温度可高达 400℃ 以上，模具表面温度变化梯度大，且呈现非均匀分布。由于温度是预测模具磨损的一个重要影响因素，高温下模具材料性能（磨损系数、硬度等）与常温下有较大差异，因此传统的 Archard 磨损模型并不适用于热锻模具磨损预测。为此，Lee 等基于 Archard 模型提出了模具硬度和磨损系数随温度变化而变化的观点，并分别通过实验建立了模具硬度和磨损系数与温度的函数关系，对 Archard 模型进行了修正。

如图 7.4 所示为挤压过程模具表面磨损机理。在任意位置的滑动距离 l_{ij} 可表示为：

$$l_{ij} = v_{ij} \Delta t_j \tag{7-2}$$

式中，v_{ij} 为速度分量；Δt_j 为时间增量。

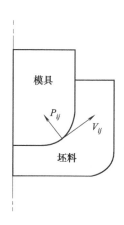

图 7.4　挤压过程磨损机理

在 Δt_j 时间内的任意位置 i 处的磨损量可用 Archard 修正磨损模型表示为：

$$\Delta W_{ij} = K_{ij}(T) \frac{l_{ij} p_{ij}}{H_{ij}(T)} \tag{7-3}$$

一次挤压完成后总的磨损量可表示为：

$$W_i = \sum_{j=1}^{n} K_{ij}(T) \frac{l_{ij} p_{ij}}{H_{ij}} \tag{7-4}$$

式中，n 为模拟完成所用的步数；$K_{ij}(T)$ 为材料常数；l_{ij} 为滑动距离；p_{ij} 为模具正压力；H_{ij} 为模具硬度。

此种前提下，当 n 趋于无穷大，也就是连续状态，Archard 磨损模型可表示为：

$$W = \int K \frac{p^a v^b}{H^c} dt \tag{7-5}$$

式中，W 为磨损量；p 为模具表面正压力；v 为滑动速度；H 为模具初始硬度（HRC）。对钢而言，K、a、b、c 为与材料特性相关的常数；对于金属，$a=b=1$，$c=2$，$K=2 \times 10^{-5}$。

在变形区和速度稳定的条件下，(7-5) 式可改写为：

$$W = \frac{1}{H^2} \int K p v dt \tag{7-6}$$

在相同的变形时间内，因为 K、p、v 和时间都为恒量，因此，在稳态成形条件下，可以认为磨损量 W 与函数 $(1/H^2)$ 成正比关系。

7.2.3　Archard 回火软化磨损模型

研究人员结合热锻模具锻造特点，不断对该模型进行修正，希望其预测结果更加符合实际情况。Kang 等在考虑回火软化的情况下，建立了模具硬度与回火时间、回火温度之间的关系，对 Archard 模型进行了修正、优化，修正后的磨损模型表示为：

$$W = K \int \left(\frac{P}{H(T,t)} \right)^\alpha V dt \tag{7-7}$$

式中，W 为磨损量，mm；K 为磨损系数（无量纲参数）；P 为界面压力，MPa；V 为相对滑动速度，mm/s；$H(T,t)$ 为模具材料的硬度（HRC）；α 为实验调整系数。

7.3
模具磨损数值仿真实例

图 7.5 所示为一个反挤压案例计算模型，工件材料 AISI-1010，模具材料 AISI-H-13，温度为常温，凸模速度 1in/s，模具行程 1.5in（1in=2.54cm），K 取 0.000002，摩擦因子 m 取 0.1。

图 7.6 给出了凸模最大磨损深度随硬度的变化关系图。可以看出，最大磨损深度随材料的初始硬度升高而下降。当初始硬度为 45HRC 时，一次成形后其最大磨损深度达到 46.8×10^{-6}in；当初始硬度提高到 65HRC 时，最大磨损深度只有 22.4×10^{-6}in，其抗磨

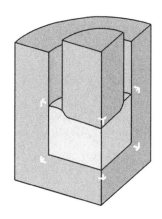

图 7.5 反挤压计算模型

损能力提高 2 倍以上。图 7.7 所示为初始硬度为 65HRC 时凸模的表面磨损分布情况。

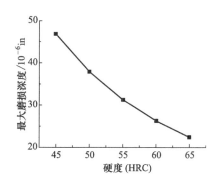

图 7.6 凸模最大磨损深度随硬度的变化

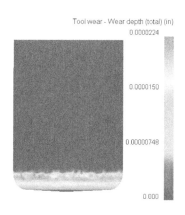

图 7.7 凸模的最大磨损深度（65HRC）

将不同硬度下凸模的最大磨损深度与函数（$1000/H^2$）利用最小二乘法进行拟合，拟合的曲线如图 7.8 所示。可以看出，二者符合线性关系，此种材料和工艺条件下，直线拟合的 Adj. R-Square 刚好为 1。

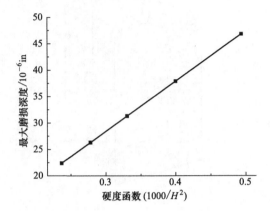

图 7.8 最大磨损深度随（$1000/H^2$）的变化

参考文献

[1] 胡建军，李小平. DEFORM-3D塑性成形CAE应用教程 [M]. 北京：北京大学出版社，2011.

[2] 朱兴元，刘忆. 金属学与热处理 [M]. 北京：中国林业出版社，2006.

[3] 董湘怀. 金属塑性成形原理 [M]. 北京：机械工业出版社，2011.

[4] 余永宁. 材料科学基础 [M]. 北京：高等教育出版社，2006.

[5] 黎民，胡建军. 连续挤压铜排气泡产生原因分析及工艺措施 [J]. 有色金属加工，2015，44 (6)：35-38.

[6] 黎民，胡建军. 1000MW超超临界汽轮发电机转子用银铜排的研制 [J]. 有色金属加工，2016，45 (5)：50-52.

[7] 黎民，胡建军，马朝平，等. 含银铜排连续挤压工艺开发及实验研究 [J]. 有色金属加工，2017，46 (5)：50-53.

[8] 刘君. 叶片精锻变形—传热—组织演变耦合的三维有限元分析 [D]. 西安：西北工业大学，2004.

[9] 施江澜，赵占西. 材料成形技术基础 [M]. 北京：机械工业出版社，2011.

[10] 杜丽娟. 工程材料成形技术基础 [M]. 北京：电子工业出版社，2003.

[11] 王勖成，邵敏. 有限单元法基本原理和数值方法 [M]. 北京：清华大学出版社，1997.

[12] Integrated 2D3D System Documentation [M]. 2011.

[13] 胡建军，许洪斌，金艳. 塑性成形数值仿真精度的提高途径 [J]. 锻压技术，2009，34 (2)：149-151，156.

[14] Shiro K, Soo-ik O, Taylan A. Metal forming and the finite-element method [M]. Oxford：Oxford University Press，1988.

[15] Przemieniecki J S. Theory of Matrix Structural Analysis [M]. Dover：Dover Publications，2012.

[16] Zienkiewicz O C, Taylor R L. The Finite Element Method [M]. New York：McGraw-Hill，1989.

[17] 李传民，王向丽，闫华军. DEFORM5.03金属成形有限元分析实例指导教程 [M]. 北京：机械工业出版社，2007.

[18] 张莉，李升军. DEFORM在金属塑性成形中的应用 [M]. 北京：机械工业出版社，2009.

[19] 胡建军，夏华，金艳，等. 摩托车档位齿轮精锻成形工艺优化 [J]. 热加工工艺（铸锻版），2006 (4)：48-50.

[20] 罗静，胡建军，金艳，等. 摩托车档位齿轮成形数值分析与模具结构优化 [J]. 锻压技术，2007 (4)：124-127.

[21] 王梦寒. F738壳体成形工艺数值模拟仿真及优化 [D]. 重庆：重庆大学，2002.

[22] 凌文凯. 直齿锥齿轮成形工艺及精度控制的研究 [D]. 重庆：重庆理工大学，2012.

[23] 刘君. 叶片精锻变形—传热—组织演变耦合的三维有限元分析 [D]. 西安：西北工业大学，2004.

[24] 甄良，邵文柱，杨德庄. 晶体材料强度与断裂微观理论 [M]. 北京：科学出版社，2019.

[25] 胡建军，许洪斌，金艳，等. 基于有限元计算的金属断裂准则的应用与分析 [J]. 锻压技术，2007 (3)：100-103.

[26] 胡建军，周杰，金艳. 在曲柄压机上变薄拉深有限元模拟与试验研究 [J]. 锻压装备与制造技术，2004 (3)：88-90.

[27] 罗静，邓明，胡建军. 精冲过程的计算机模拟及工艺参数优化 [J]. 锻压装备与制造技术，2005，40 (4)：72-74.

[28] 胡建军. 轴承环多模变薄拉深的有限元分析与试验研究 [D]. 重庆：重庆大学，2003.

[29] Robert P W. Fracture Mechanics：Integration of Mechanics, Materials Science and Chemistry [M]. New York：

Cambridge University Press，2010.

[30] Liu A F. Mechanics and Mechanisms of Fracture：An Introduction ［M］. Ohiov：ASM International，2005.

[31] Yan S，Zhao X Z. A fracture criterion for fracture simulation of ductile metals based on micro-mechanisms ［J］. Theoretical and Applied Fracture Mechanics，2018，95：127-142.

[32] Hambli R，Reszka M. Fracture criteria identification using an inverse technique method and blanking experiment ［J］. International Journal of Mechanical Sciences，2002，44（7）：1349-1361.

[33] 张磊光，李林. 基于 Deform-3D 的三维金属切削有限元模拟 ［C］. 华北电力大学第五届研究生学术交流年会. 2007.

[34] 方刚，雷丽萍，曾攀. 金属塑性成形过程延性断裂的准则及其数值模拟 ［J］. 机械工程学报，2002（S1）：21-25.

[35] 虞松. 金属塑性成形过程韧性断裂与关键成形工艺过程数值模拟分析 ［D］. 上海：上海交通大学，2007.

[36] 周杰，胡建军，张勇，等. 变薄拉深中回弹分析与实验研究 ［J］. 中国机械工程，2003（1）：20-22，92-93.

[37] 凌文凯，许洪斌，胡建军. 直齿锥齿轮冷精锻工艺的优化设计 ［J］. 锻压技术，2012，37（5）：176-179.

[38] 凌文凯. 直齿锥齿轮成形工艺及精度控制的研究 ［D］. 重庆：重庆理工大学，2012.

[39] 许洪斌，胡建军，张卫青，等. 基于数值计算的近净成形直齿锥齿轮齿形精度控制方法 ［J］. 中国机械工程，2014，25（17）：2386-2390.

[40] 胡建军，凌文凯，张卫青，等. 冷成形直齿锥齿轮齿形回弹分析及凹模修正 ［J］. 锻压技术，2013，38（5）：20-23.

[41] 许洪斌，胡建军，张卫青，等. 一种冷成形直齿锥齿轮齿形尺寸精度的控制方法：201210161894.3 ［P］. 2012-10-17.

[42] 张卫青，郭晓东，张明德，等. 锥齿轮测量齿面接触分析方法研究 ［J］. 机械传动，2010（7）：5-8.

[43] 孟凡中. 弹塑性有限变形理论和有限元方法 ［M］. 北京：清华大学出版社，1985.

[44] 胡建军，蒋杰，陈古波. 渗碳数值模拟研究进展 ［J］. 化学工程与装备，2017（12）：255-257，268.

[45] 胡建军，孙飞，邓书彬. 数值仿真在金属热加工相变中的应用 ［J］. 机械工程师，2014（11）：34-36.

[46] 胡建军，马朝平，刘好，等. 大型齿圈热处理的椭圆变形预测及控制 ［J］. 热加工工艺，2017，46（18）：231-234，237.

[47] 胡建军，孙飞. 大型齿圈热处理变形的影响因素及控制方法 ［J］. 化学工程与装备，2014（8）：143-146.

[48] 蒋杰，胡建军，刘好. 淬火工艺数值模拟研究进展 ［J］. 化学工程与装备，2017（6）：208-210.

[49] 姚禄年. 钢热处理变形控制 ［M］. 北京：机械工业出版社，1987.

[50] Wells C，Batz W，Mehl R F. Diffusion coefficient of carbon in austenite ［J］. JOM，1950，2（3）：553-560.

[51] Chen P，Du P J，Wu D，et al. Simulation of dilatation curve associated with martensitic transformation in a dual-phase steel ［J］. Materials Science Forum，2015.

[52] Besserdich G，Scholtes B，Müller H，et al. Consequences of transformation plasticity on the development of residual stresses and distortions during martensitic hardening of SAE 4140 steel cylinders ［J］. Steel Research，1994，65（1）：41-46.

[53] 贺小明，陈仁悟. 碳在奥氏体中扩散系数的研究 ［J］. 材料科学与工艺，1986（3）：1-12.

[54] 胡建军，侯天凤. 稳态变形下 Archard 模型模具磨损数值分析（英文）［J］. 机床与液压，2014，42（18）：46-49，79.

[55] 周杰，赵军，安治国. 热挤压模磨损规律及磨损对模具寿命的影响 ［J］. 中国机械工程，2007，18（17）：2112-2115.

[56] 赵军. 提高热锻模寿命的研究 ［D］. 重庆：重庆大学，2004.

[57] 罗善明，何旺枝，薛冰，等. 弧齿锥齿轮精锻成形模具磨损特性分析 ［J］. 机械传动，2011，35（1）：52-54，65.

[58] 林高用，冯迪，郑小燕，等．基于 Archard 理论的挤压次数对模具磨损量的影响分析 [J]．中南大学学报（自然科学版），2009，40（5）：1245-1251．

[59] 王雷刚，黄瑶，孙宪萍，等．基于修正 Archard 磨损理论的挤压模具磨损分析 [J]．润滑与密封，2006（3）：10-12．

[60] 薛洋洋，樊瑜瑾，梁弘毅，等．母线冲裁过程中凸模磨损的有限元分析 [J]．机械制造，2017，55（9）：90-92，96．

[61] 李宝聚．热锻模具磨损有限元分析与优化 [D]．济南：山东大学，2015．

[62] 赵军，周杰．基于数值模拟的模具表层温度对模具寿命的影响 [J]．塑性工程学报，2009，16（5）：26-29．